定期テスト ブ…

JN078297

理科 3年 東京書籍版 新しい科学

もく…

取り外してお使いください　赤シート+直前チェックBOOK,別冊解答

※全国の定期テストの標準的な出題範囲を示しています。学校の学習進度とあわない場合は,「あなたの学校の出題範囲」欄に出題範囲を書きこんでお使いください。

Step 1 基本チェック

第1章 水溶液とイオン

10分

赤シートを使って答えよう！

❶ 水溶液と電流

▶ 教 p.12-15

□ 塩化ナトリウムのように水にとかしたときに電流が流れる物質を［電解質］，砂糖のように電流が流れない物質を［非電解質］という。

❷ 電解質の水溶液の中で起こる変化

▶ 教 p.16-21

□ 塩化銅水溶液に電流を流すと，陽極から［塩素］が発生し，陰極に銅が付着する。

□ うすい塩酸に電流を流すと，陰極から［水素］が発生し，陽極から［塩素］が発生する。

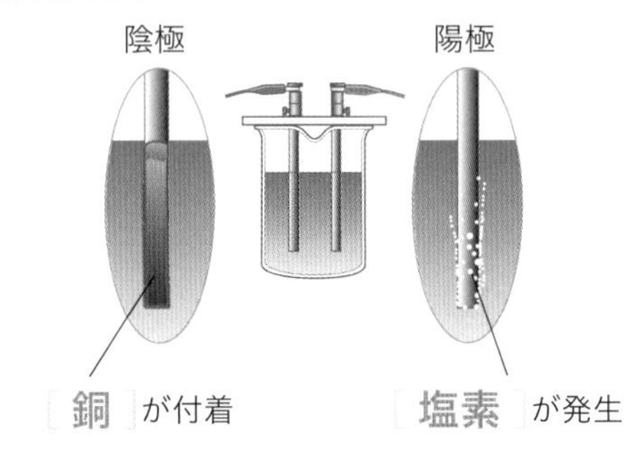

□ 塩化銅水溶液の電気分解

❸ イオンと原子のなり立ち

▶ 教 p.22-28

□ 原子は，［原子核］とそのまわりをとりまく［電子］からできている。

□ 原子核は，原子の中心にあり，＋の電気をもつ［陽子］と電気をもたない［中性子］からできている。

□ 同じ元素の原子でも，中性子の数が異なる［同位体］が存在する。

［陽子］
［中性子］
［電子］
［原子核］

□ ヘリウム原子の構造

□ 原子が電子を失ったり受けとったりして，電気を帯びるようになったものを［イオン］という。

□ 原子が電子を失って，＋の電気を帯びたものを［陽］イオン，電子を受けとって，－の電気を帯びたものを［陰］イオンという。

□ イオンを化学式で表すと，ナトリウムイオンは［Na^{+}］，マグネシウムイオンは［Mg^{2+}］，塩化物イオンは［Cl^{-}］，硫酸イオンは［SO_4^{2-}］となる。

□ 物質が水にとけて陽イオンと陰イオンにばらばらに分かれることを［電離］という。

塩化銅水溶液の電気分解では，陰極，陽極のそれぞれでどのような変化が起こるのかしっかり確認しておこう！

Step 2 予想問題　第1章 水溶液とイオン

30分（1ページ10分）

【電解質・非電解質の分類】

❶ 次の実験を行い，水溶液と電流について調べた。後の問いに答えなさい。

実験　精製水に，砂糖，食塩，エタノール，うすい塩酸をそれぞれとかし，図のような装置で電圧を加えて，水溶液に電流が流れるかどうかを調べた。

豆電球　電源装置　水溶液　電極　電流計

□ ❶ 電流が流れた水溶液を全て選び，○を記入しなさい。

（　　）砂糖水　（　　）食塩水
（　　）エタノール水溶液　（　　）うすい塩酸

□ ❷ ❶で○と答えたもののように，水にとかしたときに電流が流れる物質を何というか。（　　）

□ ❸ 1つの水溶液について調べ終わったら，次の水溶液について調べる前に電極をどうすればよいか。（　　）

【塩化銅水溶液の電気分解】

❷ 図のように，塩化銅水溶液に電流を流した。次の問いに答えなさい。

陰極　陽極　炭素棒　塩化銅水溶液

□ ❶ 塩化銅水溶液は何色か。（　　）

□ ❷ 陰極に付着した物質は何色か。（　　）

□ ❸ 陰極に付着した物質をろ紙にとり，薬品さじでこするとどのようになるか。（　　）

□ ❹ 陰極に付着した物質は何か。（　　）

□ ❺ 陽極から発生した気体は，どのようなにおいがするか。（　　）

□ ❻ 陽極から発生した気体は何か。（　　）

□ ❼ 電極を逆につなぎかえると，物質が付着する電極や気体が発生する電極はどうなるか。（　　）

ヒント　❶❸前に調べた水溶液の影響を受けないようにします。
❷ 塩化銅水溶液に電流を流すと，塩化銅は銅と塩素に分解されます。

【 原子のなり立ちとイオン 】

❸ 原子とイオンについて，次の問いに答えなさい。

□ ❶ 図は，原子の構造を簡単に表したものである。①～④をそれぞれ何というか。

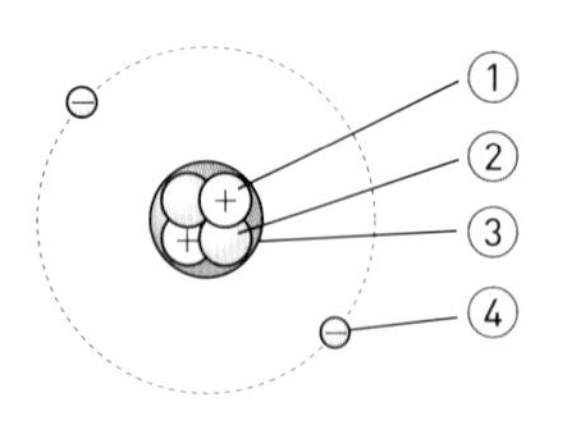

① (　　　　　)　② (　　　　　)

③ (　　　　　)　④ (　　　　　)

□ ❷ ①～⑫のイオンを化学式で表しなさい。

① マグネシウムイオン (　　　　　)

② カリウムイオン (　　　　　)

③ 硫酸イオン (　　　　　)　④ 銅イオン (　　　　　)

⑤ 炭酸イオン (　　　　　)　⑥ 亜鉛イオン (　　　　　)

⑦ 水素イオン (　　　　　)

⑧ アンモニウムイオン (　　　　　)

⑨ 水酸化物イオン (　　　　　)

⑩ ナトリウムイオン (　　　　　)　⑪ 塩化物イオン (　　　　　)

⑫ 硝酸イオン (　　　　　)

□ ❸ 水素イオンと塩化物イオンのでき方を説明した次の文の (　　　) に当てはまる数字や言葉を答えなさい。

・水素原子が電子を (① 　　　) 個 (② 受けとって ・ 失って)，水素イオンになる。

・塩素原子が電子を (③ 　　　) 個 (④ 受けとって ・ 失って)，塩化物イオンになる。

【 塩酸の電気分解 】

❹ 塩酸の電気分解について，次の問いに答えなさい。

□ ❶ 物質が水にとけて陽イオンと陰イオンに分かれることを何というか。

(　　　　　)

□ ❷ 塩酸に電流が流れるのは，水溶液中をイオンが移動するからである。

① 陽極側に集まるイオンを化学式で答えなさい。(　　　　　)

② 陰極側に集まるイオンを化学式で答えなさい。(　　　　　)

③ 塩酸中に，①と②のイオンは何対何の割合で存在しているか。

①：②＝ (　　　：　　　)

□ ❸ 塩化水素のように，水にとかしたときに電離して電流が流れる物質を何というか。

(　　　　　)

□ ❹ 砂糖水のように，水にとかしても電離せず，電流が流れない物質を何というか。

(　　　　　)

【 イオンを表す化学式 】

❺ 次のようすを，イオンを表す化学式を使って表しなさい。なお，電子はe^-と表しなさい。

□ ❶ ナトリウム原子がナトリウムイオンになる。（　　　　　　　）

□ ❷ 塩素原子が塩化物イオンになる。（　　　　　　　）

□ ❸ 塩化ナトリウムが電離する。（　　　　　　　）

□ ❹ 塩化水素が電離する。（　　　　　　　）

【 塩化ナトリウムの電離 】

❻ 図は，塩化ナトリウムが水にとけて，陽イオン(●$^+$)と陰イオン(○$^-$)に分かれているようすを表している。次の問いに答えなさい。

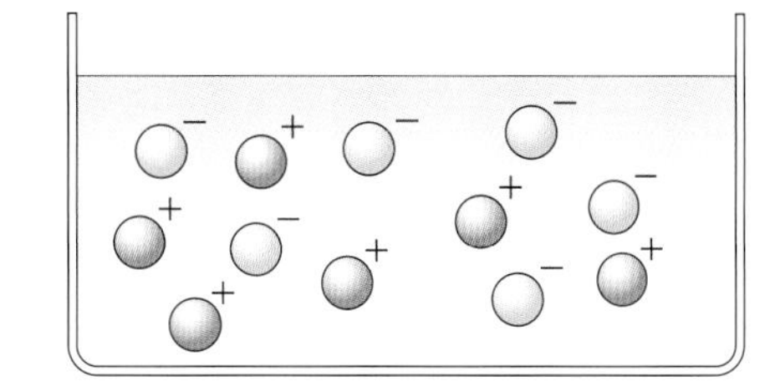

□ ❶ 物質が水にとけて，陽イオンと陰イオンに分かれることを何というか。（　　　　　）

□ ❷ ●$^+$と○$^-$は何を表しているか。それぞれの名称とそのイオンを表す化学式を答えなさい。

①●$^+$　名称（　　　　　　　）　化学式（　　　　　）

②○$^-$　名称（　　　　　　　）　化学式（　　　　　）

【 塩化水素の電離 】

□ **❼ 図は，塩化水素が水にとけて電離したときのようすを表そうとしたものである。図中の○にイオンを表す化学式を書き入れなさい。**

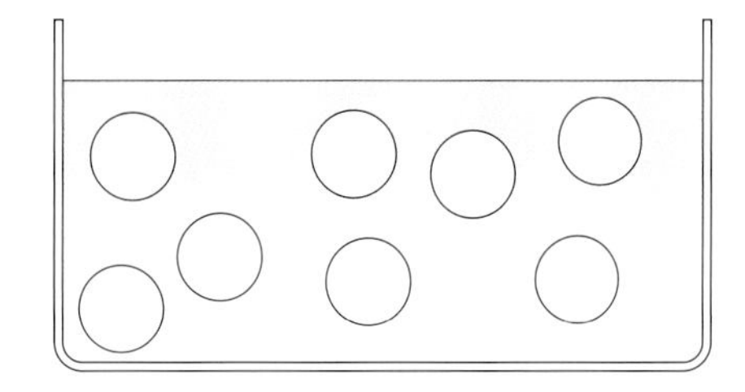

ヒント　❺❶❷電子１個をe^-で表します。

❺❸❹電離のようすを書くときは，矢印（→）の左右で原子の数が等しいか，＋と－の数があっているかに注意します。

Step 1 基本チェック　第2章 酸，アルカリとイオン

10分

■ 赤シートを使って答えよう！

❶ 酸性やアルカリ性の水溶液の性質

▶ 教 p.30-33

「酸」という言葉には「酸っぱいもの」,「アルカリ」という言葉にはアラビア語で「植物の灰」という意味があるよ。

□ 酸性の水溶液は，緑色のBTB溶液の色を［ 黄色 ］に変える。また，マグネシウムリボンを入れると，［ 水素 ］が発生する。

□ アルカリ性の水溶液は，緑色のBTB溶液の色を［ 青色 ］に変える。また，フェノールフタレイン溶液を加えると［ 赤色 ］になる。

❷ 酸性，アルカリ性の正体

▶ 教 p.34-39

□ 水溶液にしたとき，電離して［ 水素イオン ］を生じる化合物を酸という。

□ 水溶液にしたとき，電離して［ 水酸化物イオン ］を生じる化合物をアルカリという。

□ 酸性やアルカリ性の強さを表すのに，pHが用いられる。pHの値は［ 7 ］で中性である。pHの値が7より小さいほど［ 酸 ］性が強くなり，7より大きいほど［ アルカリ ］性が強くなる。

❸ 酸とアルカリを混ぜ合わせたときの変化

▶ 教 p.40-46

□ 酸の水溶液にアルカリの水溶液を混ぜ合わせると，水ができて，たがいの性質を打ち消し合う。この反応を［ 中和 ］という。このとき，酸の陰イオンとアルカリの陽イオンが結びついてできた物質を［ 塩 ］という。

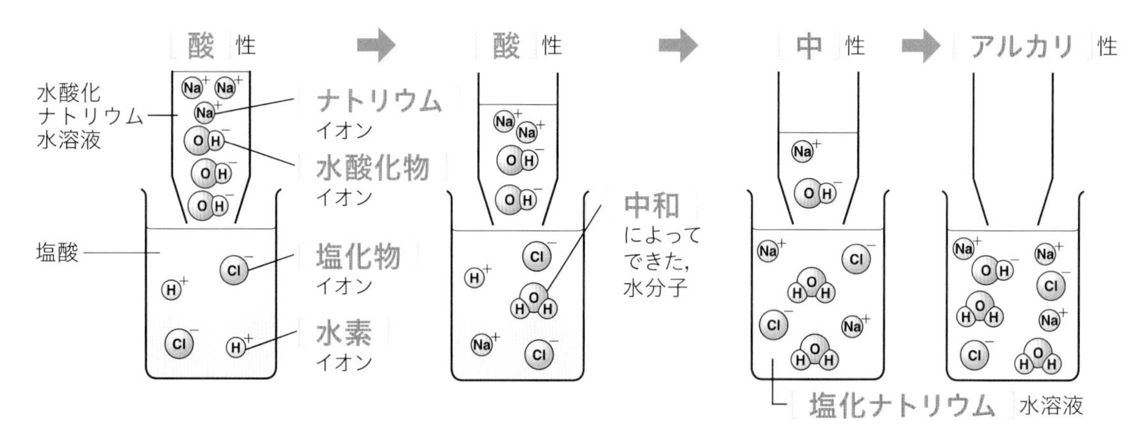

□ **塩酸に水酸化ナトリウム水溶液を加えていくときのイオンのモデル**

各指示薬の色や，pHの値と酸，アルカリの強さの関係をしっかり確認しよう！

Step 2 予想問題　第2章 酸，アルカリとイオン

30分（1ページ10分）

【水溶液の性質】

❶ A～Fの水溶液について，次の問いに答えなさい。

A　石灰水　　B　うすい塩酸　　C　うすい硫酸

D　アンモニア水　　E　酢酸（食酢）　　F　うすい水酸化ナトリウム水溶液

□ ❶ マグネシウムリボンを入れたときに，水素が発生する水溶液はどれか。A～Fから全て選び，記号で答えなさい。（　　）

□ ❷ 無色のフェノールフタレイン溶液を赤色に変える水溶液はどれか。A～Fから全て選び，記号で答えなさい。（　　）

【酸性・アルカリ性を示すものの正体】

❷ 次の実験を行い，酸性・アルカリ性の正体について調べた。後の問いに答えなさい。

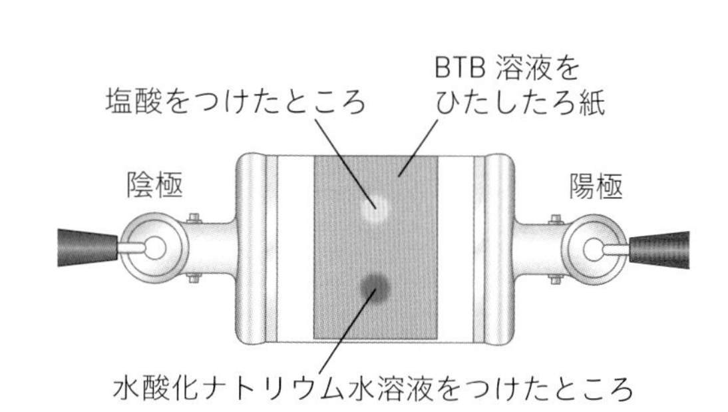

実験　図のような装置をつくり，ろ紙の中央に塩酸，水酸化ナトリウム水溶液をつけた後，電圧を加えた。

□ ❶ 塩酸をつけ，電圧を加えてしばらくすると，どのようになったか。次の文の（　）に当てはまる言葉を答えなさい。

（①　　）色になったところが，（②　　）極側に移動した。

□ ❷ ❶で移動したイオンの名称を答えなさい。（　　）

□ ❸ 水酸化ナトリウム水溶液をつけ，電圧を加えてしばらくすると，どのようになったか。次の文の（　）に当てはまる言葉を答えなさい。

（①　　）色になったところが，（②　　）極側に移動した。

□ ❹ ❸で移動したイオンの名称を答えなさい。（　　）

【pH】

□ **❸ 次のpHについての記述のうち，正しいものはどれか。㋐～㋓から全て選び，記号で答えなさい。**（　　）

㋐ pHは，その値が小さいほど酸性が強い。　㋑ 中性のpHは7である。

㋒ レモン汁のpHはおよそ9である。

㋓ pHが14に近い水溶液は強い酸性である。

ヒント　❶❶マグネシウムは酸性の水溶液にはとけますが，アルカリ性の水溶液にはとけません。

❸㋒レモン汁は酸性の水溶液です。

［解答▶p.1-3］

【 実験の注意事項 】

❹ ❶〜❻の実験操作を行う適切な理由を，下の㋐〜㋕から選び，記号で答えなさい。

□ ❶ リトマス紙にガラス棒で水溶液をつけるとき，ガラス棒は１回ごとに水（精製水（せいせいすい））で洗う。（　　　）

□ ❷ 水溶液にマグネシウムリボンを入れて調べるとき，気体が発生している試験管に火を近づけない。（　　　）

□ ❸ 実験によっては，保護眼鏡をする。（　　　）

□ ❹ 電流を流す実験のとき，電流が流れている装置にさわらない。（　　　）

□ ❺ こまごめピペットで液体を吸いこんだとき，ピペットの先を上に向けない。（　　　）

□ ❻ 実験に使った水溶液は，決められた容器に集める。（　　　）（　　　）

㋐ 目に水溶液が入ると，失明のおそれがあるから。
㋑ 液体によってゴム球がいたむことがあるから。
㋒ 組み合わせによって，混ざると有毒な気体が発生するものもあるから。
㋓ 燃える気体が発生し，爆発（ばくはつ）する可能性があるから。
㋔ 感電するおそれがあるから。
㋕ 水溶液が混ざると，性質が正しく調べられないから。

【 中和（ちゅうわ） 】

❺ うすい水酸化ナトリウム水溶液をつくり，３本の試験管Ａ，Ｂ，Ｃに 5 cm³ずつ入れ，BTB溶液を数滴（てき）ずつ加えた。次の問いに答えなさい。

□ ❶ 水酸化ナトリウム水溶液にBTB溶液を加えると，水溶液は何色になるか。（　　　）

□ ❷ 試験管Ｂに，ある濃度（のうど）の塩酸を6 cm³加えたところ，水溶液は緑色になった。この緑色になった水溶液は，酸性，中性，アルカリ性のどれか。（　　　）

□ ❸ 試験管Ｃに❷と同じ濃度の塩酸を8 cm³加えた。Ｃの水溶液は何色になったか。（　　　）

□ ❹ ❷❸の操作の後，試験管Ａ，Ｂ，Ｃにマグネシウムリボンを入れた。それぞれどのような変化が見られるか，説明しなさい。
（　　　　　　　　　　　　　　　　　　　　　　　　　　　　　　）

ヒント ❹❸酸性の薬品とアルカリ性の薬品を混ぜると，発熱したり，飛び散ったりしてとても危険です。
❺ BTB溶液の色は，酸性で黄色，中性で緑色，アルカリ性で青色になります。

【中和】

❻ 次の実験を行い，中和について調べた。後の問いに答えなさい。

実験 ある濃度の塩酸と水酸化ナトリウム水溶液がある。この塩酸12 cm^3を中和するのに，水酸化ナトリウム水溶液が10 cm^3必要だった。これを図のようにモデルで表した。

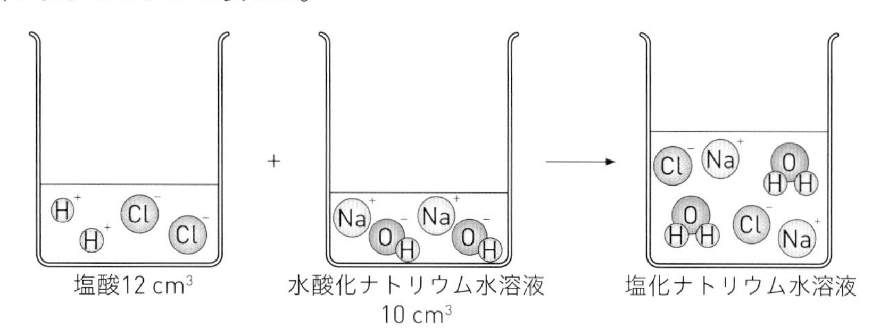

塩酸12 cm^3　　水酸化ナトリウム水溶液 10 cm^3　　塩化ナトリウム水溶液

□ ❶ 図と同じ濃度の塩酸12 cm^3に，図と同じ濃度の水酸化ナトリウム水溶液を5 cm^3加えたときと，15 cm^3加えたときの，混合溶液のようすを，それぞれモデルを使って表しなさい。

① 5 cm^3加えたとき　　② 15 cm^3加えたとき

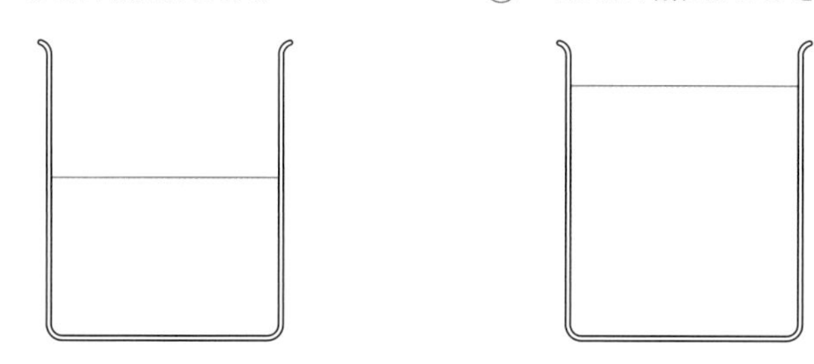

□ ❷ ❶の①，②の水溶液は，それぞれ酸性・アルカリ性のどちらか。

①（　　　　）　②（　　　　）

□ ❸ ❶の②の水溶液に，今度は図と同じ濃度の塩酸を加えて中性にしたい。塩酸を何cm^3加えればよいか。（　　　　）

【塩（えん）】

❼ 次の文の（　　）に当てはまる言葉を書きなさい。

□ ❶ 塩化ナトリウム（NaCl）の結晶（けっしょう）は，（①　　　　）イオン（Cl^-）と（②　　　　）イオン（Na^+）が結びついた塩で，水にとけてそれぞれのイオンに分かれる。

□ ❷ 硫酸（りゅうさん）バリウム（$BaSO_4$）は，（①　　　　）イオン（SO_4^{2-}）とバリウムイオン（Ba^{2+}）が結びついたもので，硫酸と（②　　　　）水溶液が（③　　　　）したときにできる塩である。水にとけない塩なので，白い（④　　　　）ができる。

ヒント ❻❸水溶液中のH^+，またはOH^-を全て水にすれば中性になります。

Step 1 基本チェック　第３章 化学変化と電池

赤シートを使って答えよう！

❶ 電解質の水溶液の中の金属板と電流

▶ 教 p.48-51

□ 化学変化を利用して，物質のもつ化学エネルギーを電気エネルギーに変える装置を［電池（でんち）］という。

❷ 金属のイオンへのなりやすさのちがいと電池のしくみ

▶ 教 p.52-57

□ 電池では，イオンになりやすい金属が［－（マイナス）］極になる。陽イオンには，マグネシウム＞亜鉛（あえん）＞銅の順番でなりやすい。

□ うすい塩酸の中に亜鉛板と銅板を入れた電池をつくると，亜鉛板が［－］極，銅板が［＋（プラス）］極となる。

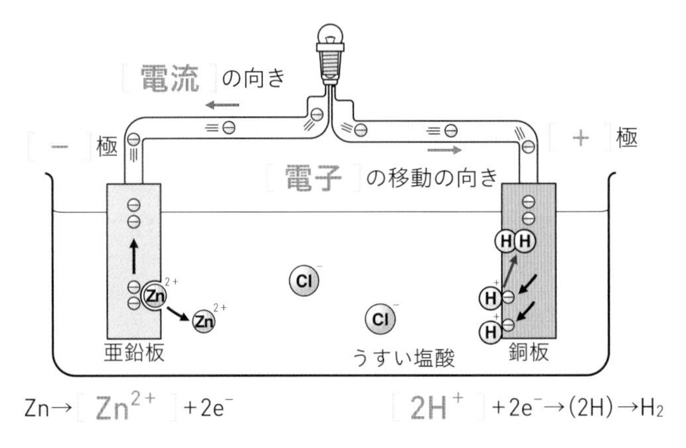

$Zn \rightarrow$［Zn^{2+}］$+2e^-$　　［$2H^+$］$+2e^- \rightarrow (2H) \rightarrow H_2$

□ **電池のモデル**

❸ ダニエル電池

▶ 教 p.58-61

□ うすい塩酸の中に亜鉛板と銅板を組み合わせてつくった電池を改良し，硫酸（りゅうさん）亜鉛と硫酸銅の２種類の水溶液（すいようえき）を使用して，この２種類の水溶液をセロハン膜で区切った電池を［ダニエル電池］という。

イギリスのダニエルが改良した電池なので，「ダニエル電池」というよ。

❹ 身のまわりの電池

▶ 教 p.62-65

□ 使うと電圧が低下し，もとにもどらない電池を［一次電池（いちじでんち）］という。

□ 外部から逆向きの電流を流すと電圧が回復し，くり返し使うことができる電池を［二次電池（にじでんち）］（蓄電池（ちくでんち））といい，電圧を回復させる操作を［充電（じゅうでん）］という。

□ 水の電気分解とは逆の，水素と［酸素］が化学変化を起こすときに，発生する電気エネルギーを利用する電池を［燃料電池（ねんりょうでんち）］という。

電池とは，化学変化によって生じた電圧を利用できるようにしたものである。金属の組み合わせや水溶液に着目しておこう！

Step 2 予想問題

第3章 化学変化と電池

30分（1ページ10分）

単元1

【電流をとり出す装置】

□ ❶ 果汁(かじゅう)や水溶液(すいようえき)にいろいろな金属板を組み合わせて，豆電球を光らせる実験を行った。豆電球が光って，金属板がとけ出す装置を，㋐～㋒から選び，記号で答えなさい。また，このときとけ出した金属板は何か。

装置（　　　）　金属板（　　　　　）

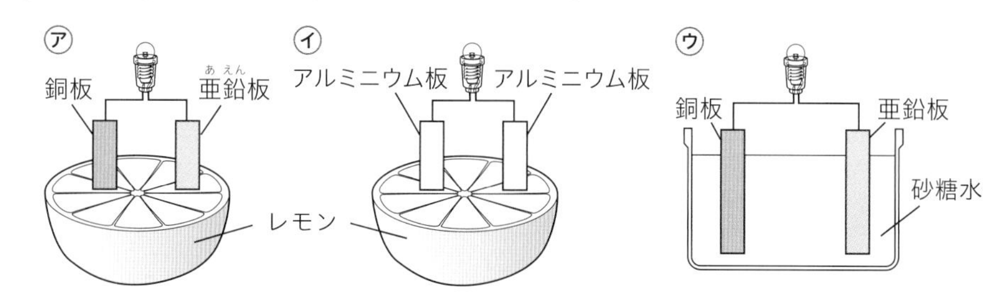

【電流をとり出すために必要な条件】

❷ 次の実験を行い，電流をとり出すことができる条件について調べた。後の問いに答えなさい。

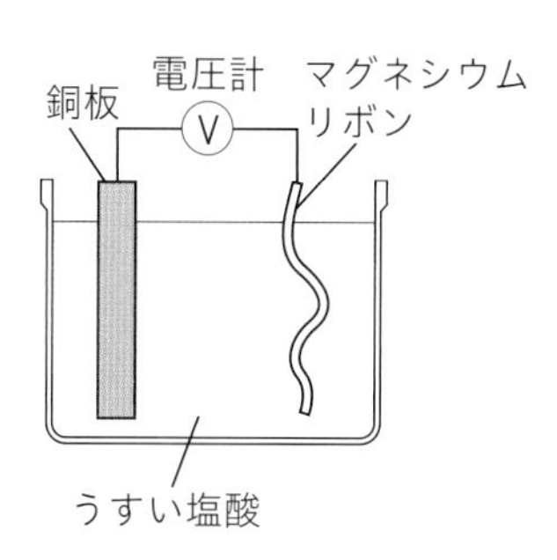

実験 図のように，うすい塩酸に銅板とマグネシウムリボンを入れ，電圧計の＋(プラス)端子には銅板を，－(マイナス)端子にはマグネシウムリボンをつないだところ，電圧計の針が右にふれた。

□ ❶ マグネシウムリボンは＋極，－極のどちらになるか。

（　　　）

□ ❷ うすい塩酸を砂糖水に変えたときの電圧計の針のようすとして正しいものを，㋐～㋒から選び，記号で答えなさい。（　　　）

㋐ 針が右にふれる。

㋑ 針が左にふれる。

㋒ 0のまま動かない。

□ ❸ 化学変化を利用して，物質のもつ化学エネルギーを電気エネルギーに変える装置を何というか。（　　　）

ヒント ❶ 電圧が生じるためには，「電解質の水溶液」と「2種類の金属板」が必要です。

❷ 電圧計の針が右にふれたとき，＋端子につないだ金属が＋極になります。

[解答▶p.3-4]

【 金属のイオンへのなりやすさ 】

❸ 次の実験を行い，金属のイオンへのなりやすさについて調べた。後の問いに答えなさい。

実験　図のように，試験管にまず水溶液を入れ，そこに金属片を加えて変化を観察した。結果は表のようになった。

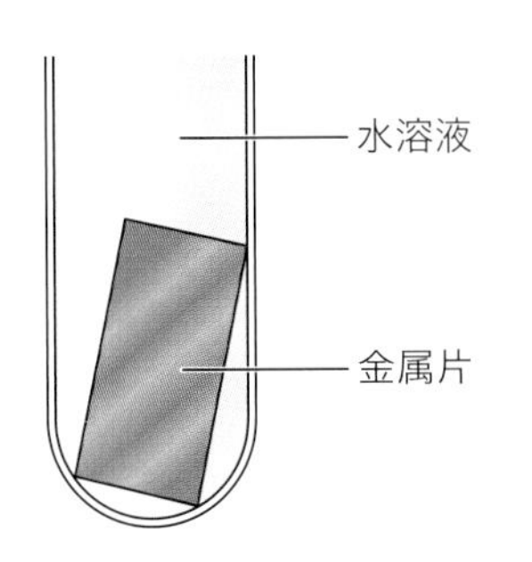

	硫酸銅水溶液 $CuSO_4$	硫酸マグネシウム水溶液 $MgSO_4$	硫酸亜鉛水溶液 $ZnSO_4$
銅 Cu		反応しなかった。	反応しなかった。
マグネシウム Mg	銅が付着した。		亜鉛が付着した。
亜鉛 Zn	㋐	反応しなかった。	

□ ❶ ㋐はどのようになったと考えられるか。（　　　　　）

□ ❷ 銅，マグネシウム，亜鉛の陽イオンへのなりやすさの順番はどうなると考えられるか。

（　　　　　＞　　　　　＞　　　　　）

□ ❸ イオンになりやすい金属は，電池では＋極と－極のどちらになるか。（　　　　　）

【 亜鉛板と銅板でつくった電池 】

❹ 図のように，うすい塩酸に亜鉛板と銅板を入れて電池をつくり，電球をつなぐと，電球が光った。次の問いに答えなさい。

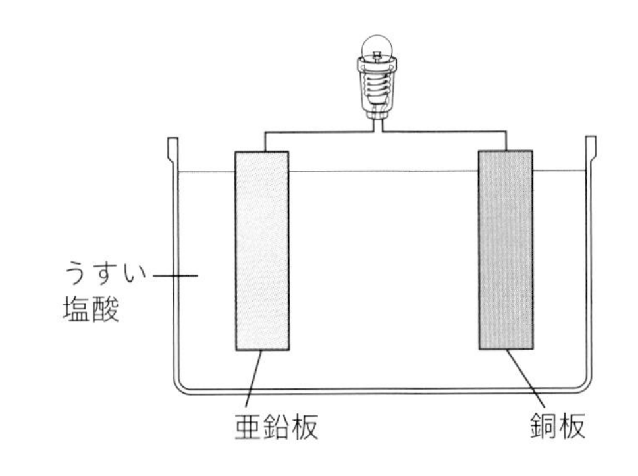

□ ❶ ＋極となるのは，亜鉛板と銅板のどちらか。（　　　　　）

□ ❷ 電流をとり出すとき，亜鉛板の表面ではどのような反応が起こるか。（　　　　　）

□ ❸ 電流をとり出すとき，銅板の表面ではどのような反応が起こるか。

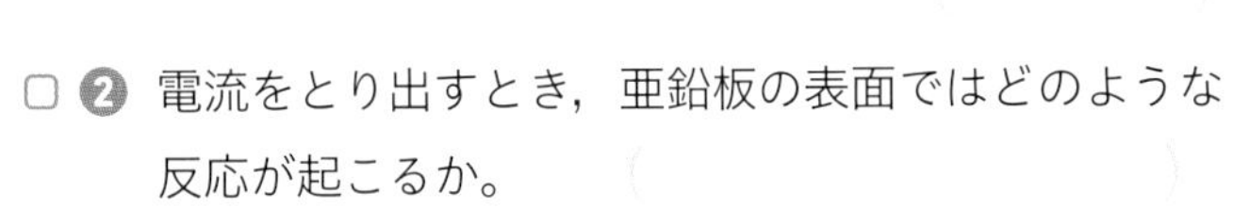

□ ❹ この電池の電子の流れとして正しいものを，㋐，㋑から選び，記号で答えなさい。（　　　　　）

㋐ 電子は，亜鉛板→電球→銅板の向きに移動する。

㋑ 電子は，銅板→電球→亜鉛板の向きに移動する。

ヒント　❸❷イオンになりにくい金属の陽イオンは，電子を受けとって金属の単体になります。

ミスに注意　❹❹電子の移動の向きと電流の流れる向きは逆になります。

【ダニエル電池】

❺ 次の実験を行い，ダニエル電池について調べた。後の問いに答えなさい。

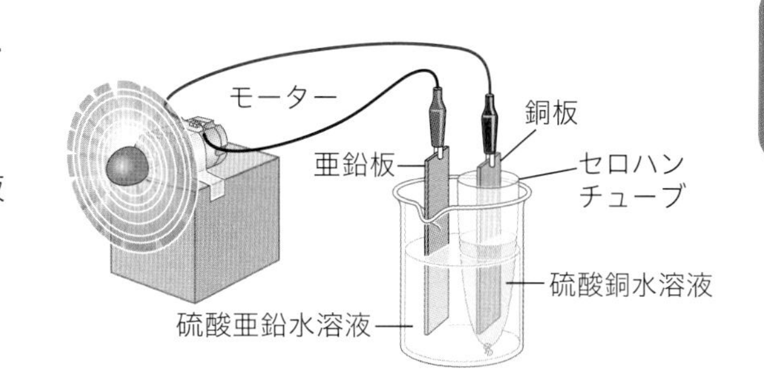

実験 図のように，亜鉛板を硫酸亜鉛水溶液に，銅板を硫酸銅水溶液が入ったセロハンチューブの中に入れて，金属板を導線でつなぐとモーターが回った。

□ ❶ －極では，亜鉛板の亜鉛原子が電子を失って亜鉛イオンとなり，硫酸亜鉛水溶液中にとけ出す。このときの反応を化学反応式で表しなさい。
（　　　　　）

□ ❷ ＋極では，導線を通って流れてきた電子を硫酸銅水溶液中の銅イオンが受けとって銅となり，銅板上に付着する。このときの反応を化学反応式で表しなさい。（　　　　　）

【身のまわりの電池】

❻ 日常よく見られる電池に，マンガン乾電池（かんでんち）や酸化銀電池，リチウムイオン電池などがある。これらは，どのようなところで使われているか。それぞれ１つ書きなさい。

□ ❶ マンガン乾電池（　　　　　）

□ ❷ 酸化銀電池（　　　　　）

□ ❸ リチウムイオン電池（　　　　　）

【電池の種類】

❼ いろいろな電池について，次の問いに答えなさい。

□ ❶ マンガン乾電池のように，使うと電圧が低下し，もとにもどらない電池を何というか。
（　　　　　）

□ ❷ 鉛蓄（なまりちく）電池は，電圧が低下しても，外部から逆向きの電流を流すと電圧が回復する。このような操作を何というか。（　　　　　）

□ ❸ 燃料電池（ねんりょうでんち）の説明として適切だと考えられるものを，㋐～㋒から選び，記号で答えなさい。（　　　）

㋐ ほかの電池に比べて，コストが安い。
㋑ 有害な物質を発生しないので，環境（かんきょう）に対する悪影響（あくえいきょう）が少ない。
㋒ 水が分解するときの化学変化によって発電することができる。

ヒント ❺ 化学反応式で，電子１個はe^-で表します。

Step 3 予想テスト　単元1 化学変化とイオン

30分　/100点　目標 70点

□ **❶ 電解質である物質を，㋐〜㋗から4つ選び，記号で答えなさい。**

㋐ 塩化ナトリウム　㋑ 砂糖　㋒ 塩化水素　㋓ 塩化銅
㋔ エタノール　㋕ 水素　㋖ 酸素　㋗ 水酸化ナトリウム

❷ 図のようにして，うすい塩酸に電流を流した。次の問いに答えなさい。 技

□ ❶ ㋐は陽極か，陰極か。

□ ❷ ㋑に発生する気体は何か。

□ ❸ ❷の気体のにおいをかぐとき，注意する点は何か。

□ ❹ 電流を流したときの塩酸の変化を表す化学反応式を書きなさい。また，㋐の電極付近で発生する気体は何か。

□ ❺ うすい塩酸を塩化銅水溶液に変えると，㋐の表面はどうなるか。

❸ 原子がイオンになるときのようすについて，次の問いに答えなさい。

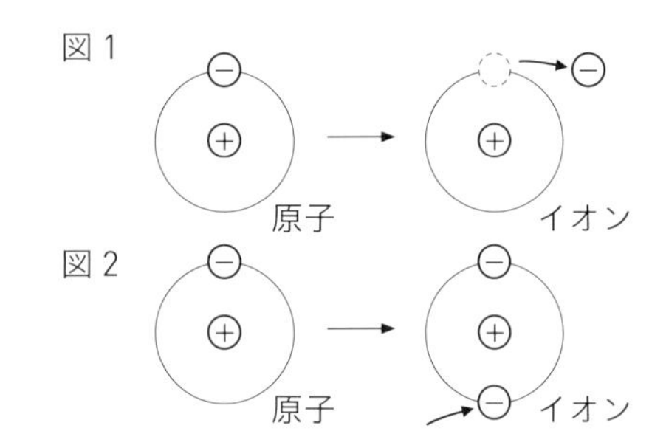

□ ❶ 図1，図2で，原子がイオンになるときに出入りしている㊀は何か。

□ ❷ 図1のように，㊀を失ってできたイオンを，何イオンというか。

□ ❸ 図2のように，㊀を受けとってできたイオンを，何イオンというか。

□ ❹ ①，②の原子がイオンになるとき，そのイオンを化学式で表しなさい。
① ナトリウム原子　② 塩素原子

❹ 次の実験を行い，酸とアルカリを混ぜ合わせたときの変化について調べた。後の問いに答えなさい。 技 思

実験 図のように，うすい塩酸10 cm³をビーカーにとり，2〜3滴のBTB溶液を加えたものに，うすい水酸化ナトリウム水溶液を少しずつ加えてよくかき混ぜ，水溶液の変化を調べた。

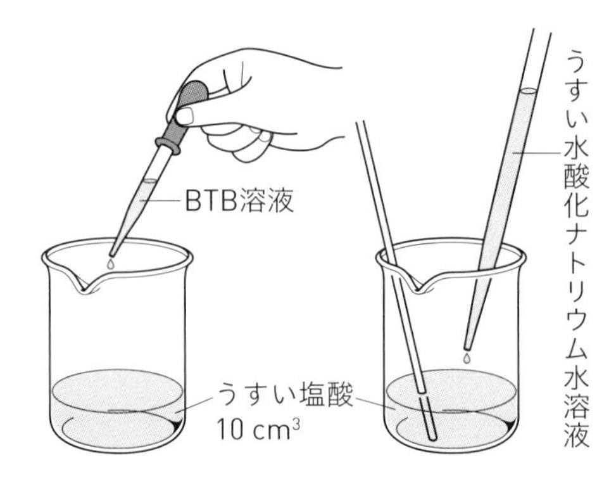

□ ❶ うすい塩酸にBTB溶液を加えると，何色になるか。

成績評価の観点　技…観察・実験の技能　思…科学的な思考・判断・表現

□ ❷ うすい水酸化ナトリウム水溶液を少しずつ加えていくと，水溶液の色が緑色になった。このときの水溶液は，酸性・中性・アルカリ性のどれか。

□ ❸ 緑色になった水溶液をスライドガラスに1滴とり，水を蒸発させたところ，白い固体が残った。この白い固体の物質名は何か。

□ ❹ 次の化学反応式は，このときの反応の一部を示したものである。(　　)に当てはまる化学式を答えよ。

$H^+ + OH^- \rightarrow$ (　　　)

□ ❺ ❹のように，水素イオンと水酸化物イオンが結びついて，たがいの性質を打ち消し合う反応を何というか。

□ ❻ ❷で緑色になった水溶液にさらに水酸化ナトリウム水溶液を加えていくと，水溶液の色が変化した。何色になったか。

点UP □ ❼ ❺の反応が起こる組み合わせとして，正しいものを㋐～㋓から選び，記号で答えなさい。

㋐ うすい硝酸と水　㋑ うすい硫酸とうすい塩酸

㋒ 食酢と水酸化カリウム水溶液　㋓ アンモニア水と水酸化バリウム水溶液

□ **❺ ㋐～㋓のような金属板と水溶液の組み合わせで，図のような電池をつくろうと考えた。電池になるものを2つ選び，記号で答えなさい。** 技 思

㋐ A…亜鉛，B…マグネシウム，C…うすい塩酸

㋑ A…亜鉛，B…亜鉛，C…うすい塩酸

㋒ A…亜鉛，B…銅，C…うすい塩酸

㋓ A…亜鉛，B…マグネシウム，C…エタノール水溶液

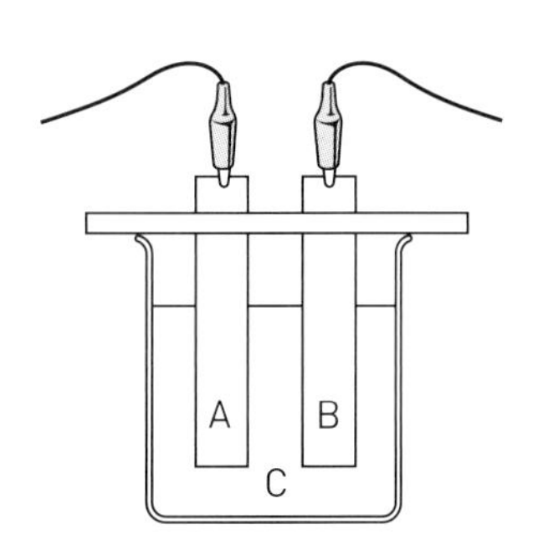

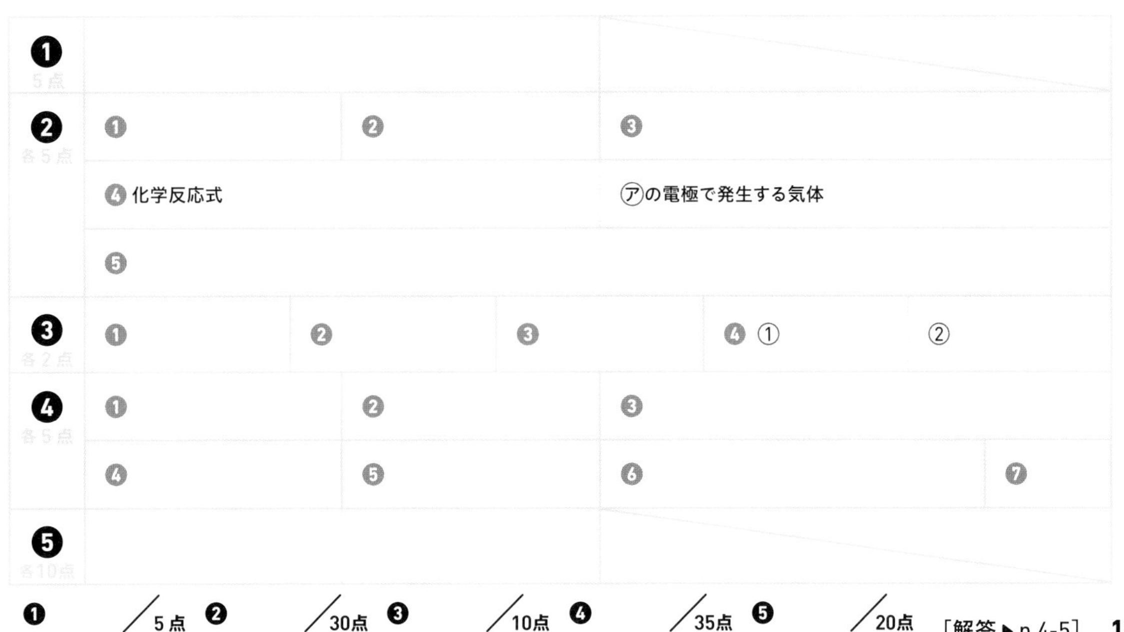

❶ 5点					
❷ 各5点	❶	❷	❸		
	❹ 化学反応式		㋐の電極で発生する気体		
	❺				
❸ 各2点	❶	❷	❸	❹ ①	②
❹ 各5点	❶	❷	❸		
	❹	❺	❻	❼	
❺ 各10点					

❶ ／5点　❷ ／30点　❸ ／10点　❹ ／35点　❺ ／20点

[解答▶p.4-5]

Step 1 基本チェック　第1章 生物の成長と生殖(1)

赤シートを使って答えよう！

❶ 生物の成長と細胞の変化

▶ 教 p.78-83

- □ 1個の細胞が2つに分かれて2個の細胞になることを［細胞分裂（さいぼうぶんれつ）］という。
- □ 細胞の核の中に見られるひものようなものを［染色体（せんしょくたい）］という。
- □ 生物の形や性質などのことを［形質（けいしつ）］という。
- □ 染色体には，生物の形質を決める［遺伝子（いでんし）］が存在する。
- □ からだをつくる細胞が分裂する細胞分裂を，特に［体細胞分裂（たいさいぼうぶんれつ）］という。
- □ 多細胞生物は，［細胞分裂］によって細胞の数がふえるとともに，ふえた細胞自体が［大きく］なることで成長する。
- □ 細胞分裂で新しくできた2個の細胞の核には，もとの細胞と［同じ］数と内容の染色体がふくまれている。
- □ 植物の根と茎（くき）では，［先端（せんたん）］に近い部分で細胞分裂が行われ，その細胞が大きくなることで，根と茎は長くなる。
- □ ［双子葉（そうしよう）］類（るい）では，茎の外側に近い維管束（いかんそく）を結ぶ部分とその周辺でも細胞分裂が行われ，茎は太くなる。
- □ 動物のからだでは，細胞分裂が起こる部分は限られて［いる］。

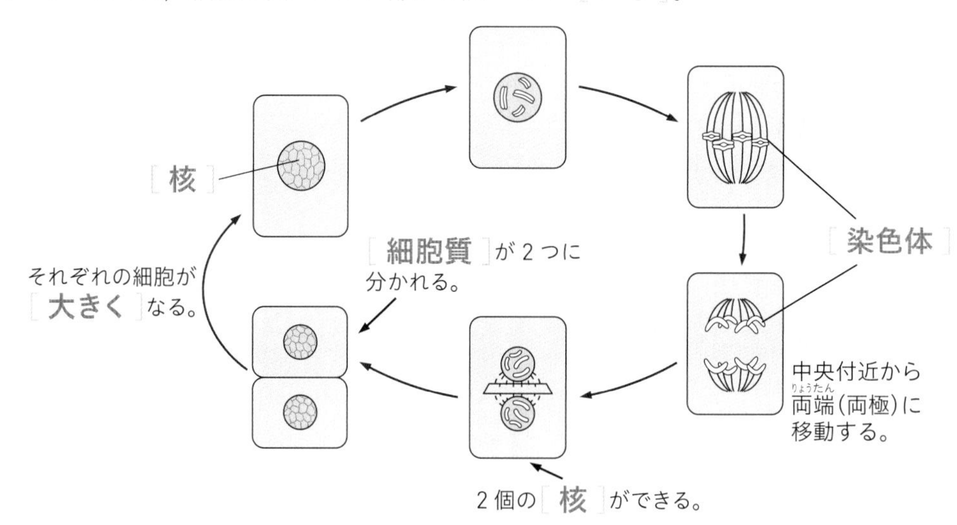

□ **細胞分裂の過程**

細胞分裂の問題では，その順序を問う問題は出題されやすいので，しっかりと過程を理解しておこう。

Step 2 予想問題 第1章 生物の成長と生殖(1)

【細胞分裂の観察】

❶ 細胞分裂について，次の観察を行った。後の問いに答えなさい。

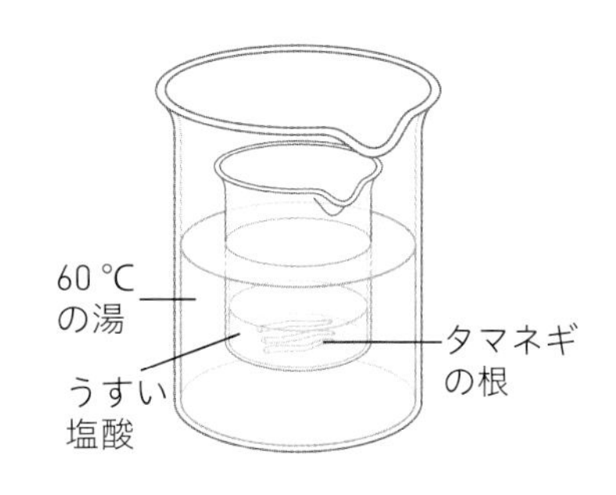

観察 タマネギの根の観察する部分を5 mmほど切りとり，約60 ℃のうすい塩酸（3 %）の中で1分間あたためた後，水洗いした。これを使ってプレパラートをつくり，顕微鏡で観察した。

□ ❶ 下線部のような操作をしたのはなぜか。正しいものを㋐～㋒から1つ選び，記号で答えなさい。（　　　）

㋐ 染色されやすくなるよう，白く脱色するため。

㋑ 細胞を長時間，保存できるようにするため。

㋒ ひとつひとつの細胞をはなれやすくするため。

□ ❷ 細胞分裂がよく観察できるのは，右の図のⓐ～ⓒのうち，どの部分を使ったときか。記号で答えなさい。

（　　　）

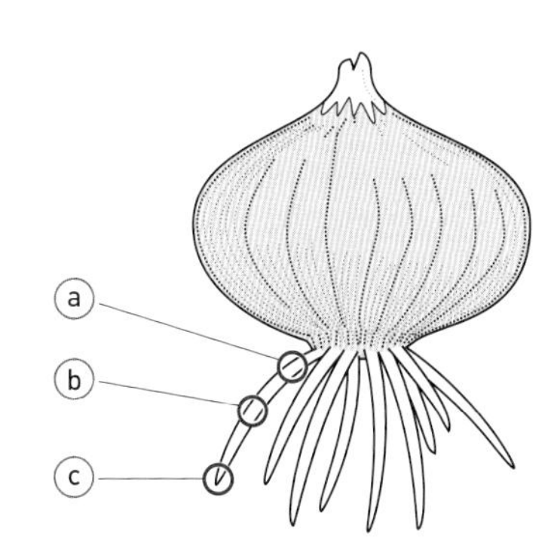

□ ❸ ㋐～㋔は，プレパラートのつくり方を説明したものである。正しい操作の順に並べかえなさい。

（　　→　　→　　→　　→　　）

㋐ カバーガラスをかける。

㋑ 2つに折ったろ紙の間にはさみ，根をおしつぶす。

㋒ 染色液（酢酸オルセイン）をたらして，約3分間放置する。

㋓ 根をスライドガラスにのせる。

㋔ 柄つき針の腹で，軽くつぶす。

□ ❹ 観察した細胞の中には，核のようすがちがっているものがいくつかあった。右の図に見られる，短く太いひものようなものは何か。

（　　　）

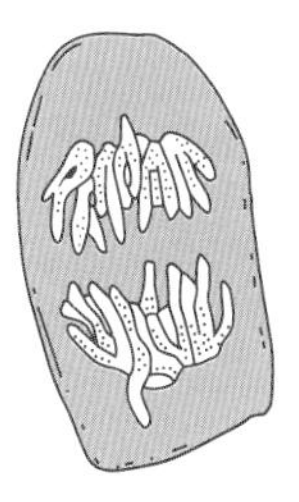

□ ❺ ❹のひものようなものは，染色液によって何色に染まっているか。

（　　　）

ヒント ❶❷ 生物では成長する部分が決まっており，その部分では細胞分裂がさかんに行われています。

【細胞分裂】

❷ 図は，タマネギの根を使ってプレパラートをつくり，細胞分裂のようすを顕微鏡で観察したものである。次の問いに答えなさい。

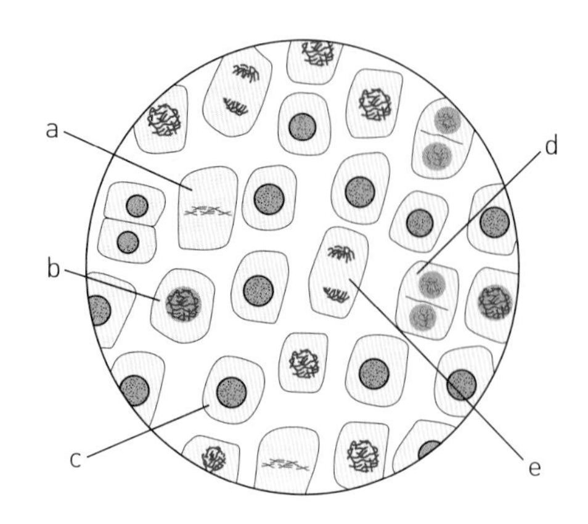

□ ❶ ①〜⑤は，図のどの細胞について説明したものか。それぞれａ〜ｅから選び，記号で答えなさい。

① 細胞分裂が開始する前の細胞である。（　　）

② ２本の染色体(せんしょくたい)がさけるように分かれ，それぞれ細胞の両極に移動する。（　　）

③ ２つの核(かく)ができ，染色体は再び細く長くなる。（　　）

④ 核の中の染色体がひものように見えるようになる。（　　）

⑤ 染色体が細胞の中央付近に集まり，並ぶ。（　　）

□ ❷ ａ〜ｅを，ｃを始まりとして細胞分裂の順に並べかえなさい。

（ｃ →　　→　　→　　→　　）

□ ❸ 動物の目の色や毛の長さ，植物の種子の形などの生物の形や性質のことを何というか。（　　）

□ ❹ ❸を決めるものを何というか。（　　）

□ ❺ ❹は，核の中の何という部分にふくまれているか。（　　）

□ ❻ ❺の数や内容は，体細胞分裂(たいさいぼうぶんれつ)の場合，分裂前の細胞と分裂後の新しい細胞とでは，同じか，異なっているか。（　　）

□ ❼ 細胞が細胞分裂した後，ひとつの細胞の大きさはどうなるか。㋐〜㋒から選び，記号で答えなさい。（　　）

㋐ 分裂をくり返すため，しだいに大きさは小さくなる。

㋑ 半分の大きさになるが，やがてもとの大きさにもどる。

㋒ 分裂するごとに，しだいに大きくなる。

□ ❽ ｃの細胞が分裂の準備に入ったときについて述べたものを，㋐〜㋓から選び，記号で答えなさい。（　　）

㋐ 休眠(きゅうみん)中である。　㋑ 染色体が複製される。

㋒ 染色体が消滅(しょうめつ)する。　㋓ 染色体以外のものをつくっている。

ミスに注意　❷❷細胞分裂するときには，ひものようなものが見えるようになります。

Step 1 基本チェック

第1章 生物の成長と生殖(2)

10分

赤シートを使って答えよう！

❷ 無性生殖

▶ 教 p.84-85

- □ 生物が自分と同じ種類の新しい個体（子）をつくることを［生殖（せいしょく）］という。
- □ 受精（じゅせい）を行わずに子をつくる生殖を［無性生殖（むせいせいしょく）］という。

❸ 有性生殖

▶ 教 p.86-89

- □ 生殖細胞（せいしょくさいぼう）の受精による生殖を［有性生殖（ゆうせいせいしょく）］という。
- □ 有性生殖を行う生物では，2種類の［生殖細胞］がつくられる。
- □ 動物では，雌（めす）は［卵（らん）］，雄（おす）は［精子（せいし）］，被子植物（ひししょくぶつ）では卵細胞（らんさいぼう）と精細胞（せいさいぼう）とよばれる生殖細胞をつくる。
- □ 2種類の生殖細胞が結合し，1個の細胞となることを［受精］といい，これによってつくられる新しい細胞を［受精卵（じゅせいらん）］という。

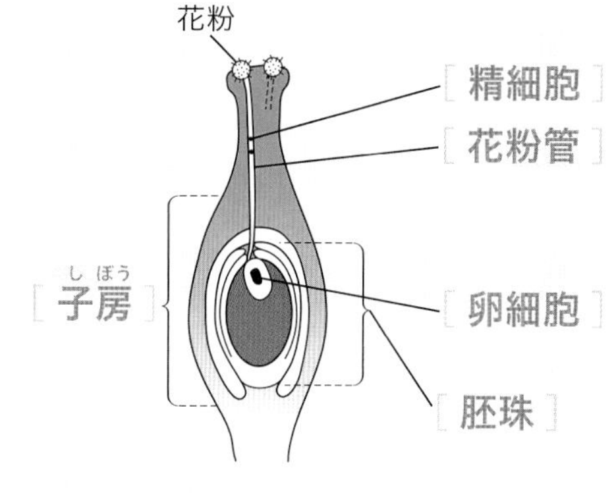

□ 被子植物の受精と発生

- □ 被子植物では，花粉がめしべの柱頭（ちゅうとう）につくと，花粉から柱頭の内部へと［花粉管（かふんかん）］がのびる。
- □ 胚珠（はいしゅ）の中の［卵細胞］と，花粉管の先端部（せんたんぶ）まで運ばれた［精細胞］が受精して，受精卵ができる。
- □ 受精卵は，動物では体細胞分裂（たいさいぼうぶんれつ）によって，被子植物では胚珠の中で細胞分裂をくり返すことによって，［胚（はい）］になる。
- □ 受精卵が胚になり，個体としてのからだのつくりが完成していく過程を［発生（はっせい）］という。

❹ 染色体の受けつがれ方

▶ 教 p.90-94

- □ 生殖細胞がつくられるときに行われる，染色体の数が半分になる特別な細胞分裂を［減数分裂（げんすうぶんれつ）］という。

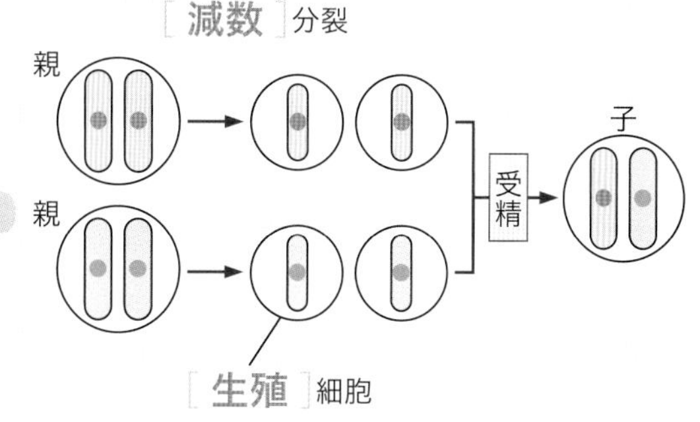

□ 減数分裂における染色体の受けつがれ方

テストに出る

カエルの精子と卵が受精してできた受精卵が変化していく過程がよく出題されるので，理解しておこう。

Step 2 予想問題　第１章 生物の成長と生殖(2)

(１ページ10分)

【植物の生殖】

❶ 図は，被子植物の受精のしくみを模式的に表したものである。次の問いに答えなさい。

□ ❶ A・B・Dの部分をそれぞれ何というか。

A（　　　）

B（　　　）

D（　　　）

□ ❷ 花粉をつくっている部分をA～Fから選び，記号で答えなさい。（　　　）

□ ❸ めしべの先に花粉がつくことを何というか。（　　　）

□ ❹ 次の文の（　　）に当てはまる言葉を書きなさい。

> 花粉がめしべの先につくと，花粉からは（①　　　）がのびる。①が（②　　　）に達すると，①を通って（③　　　）が②へ送られ，③の核と②の中の（④　　　）の核が合体し，（⑤　　　）ができる。⑤は細胞分裂をくり返して，根・茎・葉のもとになる（⑥　　　）になり，やがて植物のつくりとはたらきが完成していく。この過程を（⑦　　　）という。

□ ❺ 受精後，成長して種子や果実になる部分はそれぞれどこか。A～Fから選び，記号で答えなさい。　種子（　　　）　果実（　　　）

【動物の生殖】

❷ 動物の生殖について，次の問いに答えなさい。

□ ❶ 卵と精子が受精していくことによって子をつくる生殖を何というか。（　　　）

□ ❷ 雌のからだで，卵をつくるところを何というか。（　　　）

□ ❸ 雄のからだで，精子をつくるところを何というか。（　　　）

□ ❹ 卵や精子など，生殖のための特別な細胞を何というか。（　　　）

□ ❺ 受精卵が細胞分裂を始めてから，自分で食物をとることのできる個体となる前までを何というか。（　　　）

ヒント　❶❹生殖細胞は，動物と被子植物でよばれ方が異なります。

【カエルの受精と発生(はっせい)】

❸ 図1はカエルのからだのつくり，図2はカエルの受精卵が細胞分裂をして，変化していくようすを示したものである。次の問いに答えなさい。

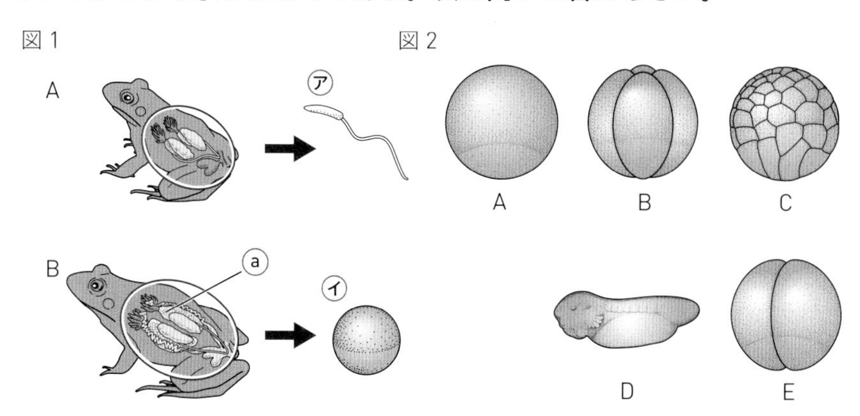

□ ❶ 図1のA，Bで，雌はどちらか。記号で答えなさい。（　　　）

□ ❷ 図1の㋐，㋑をそれぞれ何というか。
㋐（　　　　）　㋑（　　　　）

□ ❸ ㋐と㋑のうち，実際に大きさが大きいのはどちらか。記号で答えなさい。
（　　　）

□ ❹ ㋑をつくるⓐを何というか。（　　　　）

□ ❺ カエルの卵の受精について，次の文の（　　）に当てはまる言葉を書きなさい。

> カエルは雌が水中に（① 　　　　）をうむと，雄はたくさんの（② 　　　　）を放出する。①にたどりついた②の１つが①に入り，①の核と②の核が合体することによって（③ 　　　　）が行われ，（④ 　　　　）ができる。④は，細胞分裂をくり返しながら変化して，からだを完成させていく。この過程を（⑤ 　　　　）という。

□ ❻ 図2のAは受精卵である。受精卵は何個の細胞からできているか。
（　　　）

□ ❼ 図2の受精卵Aは，どのような順序で変化するか。変化の順にB～Eを並べかえなさい。
（ A →　　→　　→　　→　　）

ヒント　❸❼動物の受精卵は，細胞分裂が始まると細胞の数がふえていき，からだの形ができていきます。

【有性生殖の特徴】

❹ 図は，ある生物の親と子の染色体の数を示したものである。次の問いに答えなさい。ただし，図の中に生殖細胞の染色体はかかれていない。

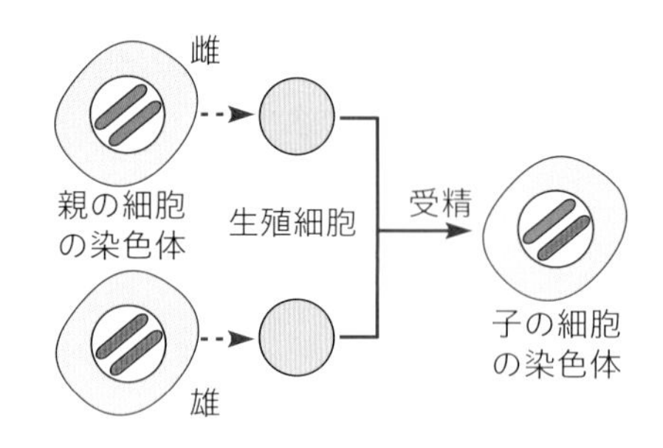

□ ❶ 親のからだの細胞の染色体が16本あるとき，子のからだの細胞の染色体の数は何本か。

（　　　　　　）

□ ❷ 卵や精子の染色体の数は，からだの細胞の染色体の数と比べて，どうなっているか。（　　　　　　）

□ ❸ 生殖細胞の染色体の数が，❷のようになる細胞分裂を何というか。

（　　　　　　）

□ ❹ 子の形質はどのようにして決まるか。㋐～㋒から１つ選び，記号で答えなさい。

（　　　　）

㋐ 母親の遺伝子によって決まる。
㋑ 父親の遺伝子によって決まる。
㋒ 両方の親の遺伝子によって決まる。

【無性生殖の特徴】

❺ 図は，無性生殖でふえるときの染色体のようすを模式的に表したものである。次の問いに答えなさい。

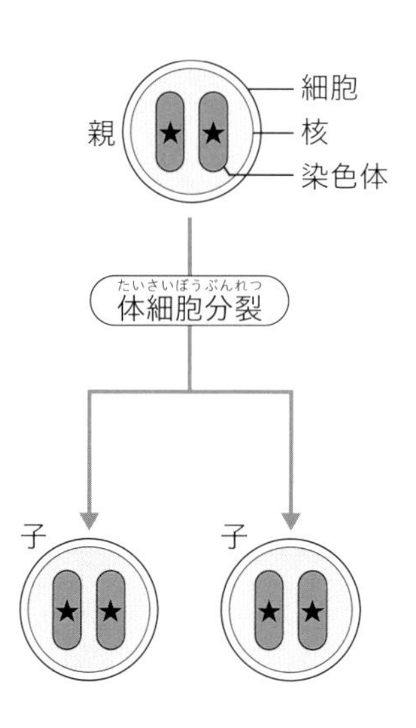

□ ❶ 無性生殖の場合，子の染色体は親と同じか，異なるか。

（　　　　　　）

□ ❷ ジャガイモは，いもからも種子からもふやすことができるが，病気に強いなど，優れた形質のジャガイモをふやしたいときは無性生殖と有性生殖のどちらがよいか。

（　　　　　　）

□ ❸ 無性生殖における親と子のように，起源が同じで，同一の遺伝子をもつ個体の集団を何というか。（　　　　　　）

□ ❹ 農業などで，❸をつくるメリットは何か。

（　　　　　　　　　　）

ヒント ❺ 有性生殖でつくられる個体の形質は，親と全く同じにはなりません。

 ［解答▶p.6-7］

Step 1 基本チェック

第2章 遺伝の規則性と遺伝子

赤シートを使って答えよう！

❶ 遺伝の規則性

▶ 教 p.96-103

- □ 親の形質が子や孫に伝わることを［遺伝］という。
- □ 親，子，孫と何世代も代を重ねても，その形質が全て親と同じである場合，それらを［純系］という。
- □ エンドウの種子の形には丸形としわ形があり，1つの種子にはそのどちらか一方の形質が現れる。このようにどちらか一方の形質しか現れない2つの形質どうしを［対立形質］という。
- □ 対になっている遺伝子は，［減数分裂］によってそれぞれ別の生殖細胞に入る。これを［分離］の法則という。
- □ 対立形質の遺伝子の両方が子に受けつがれた場合，子に現れる形質を［顕性（優性）］形質，子に現れない形質を［潜性（劣性）］形質という。

優性形質，劣性形質とは，その形質が子に現れるか現れないかという意味で，その形質がすぐれているか，おとっているか，という意味ではないよ。

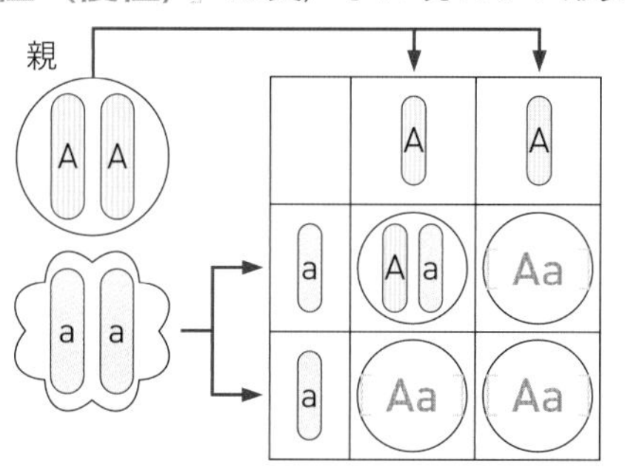

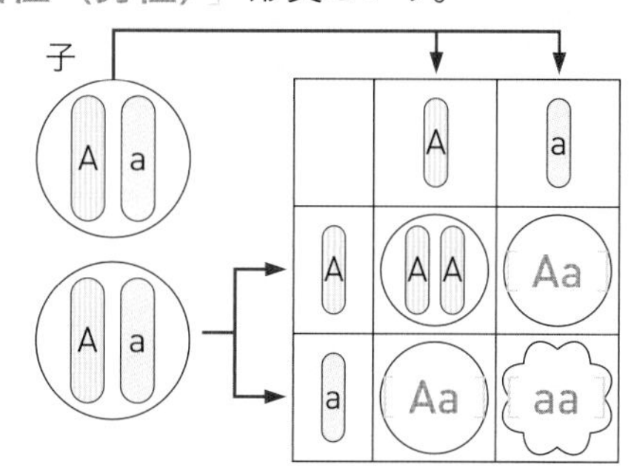

□ **メンデルの実験における遺伝子の組み合わせ**

❷ 遺伝子の本体

▶ 教 p.104-105

- □ 遺伝子は［染色体］の中に存在し，その本体は［DNA］(デオキシリボ核酸)という物質である。

❸ 遺伝子やDNAに関する研究成果の活用

▶ 教 p.106-107

- □ 近年，遺伝子［組換え］によって，有用な形質を現す品種をつくり出す研究が進められ，比較的短時間で品種改良を行うことができるようになった。

子や孫の遺伝子の組み合わせや形質は，必ずといってよいほど出題されるので，しっかりと学習しておこう。

Step 2 予想問題　第2章 遺伝の規則性と遺伝子

20分
（1ページ10分）

【遺伝の規則性】

❶ しわ形の種子をつくる純系のエンドウの花粉を使って，丸形の種子をつくる純系のエンドウの花に受粉させた。丸形の純系の遺伝子をAA，しわ形の純系の遺伝子をaaで表すと，子の遺伝子の組み合わせは表1のようになり，全て丸形の種子になった。次の問いに答えなさい。

表1

生殖細胞の遺伝子	A	A
a	Aa	Aa
a	Aa	Aa

□ ❶ 19世紀の中ごろ，エンドウの対立形質に注目して，遺伝の規則性を調べる交配実験を行ったのはだれか。（　　）

□ ❷ 対になった遺伝子が別々の生殖細胞に入ることを何というか。（　　）

□ ❸ エンドウの形質で，しわ形と丸形のどちらが顕性形質か。（　　）

表2

生殖細胞の遺伝子	A	a
A	AA	①
a	Aa	②

□ ❹ Aaの遺伝子をもつ子どうしをかけ合わせた場合，孫に現れる遺伝子の組み合わせは表2のようになる。①，②に当てはまる遺伝子の組み合わせをそれぞれ書きなさい。
①（　　）　②（　　）

□ ❺ 表3は，❹の結果をまとめたものである。①～④に当てはまる言葉や数を書きなさい。
①（　　）
②（　　）
③（　　）
④（　　）

表3

遺伝子の組み合わせ	形質	割合
AA	丸形の種子	1
Aa	①	②
aa	③	④

□ ❻ 孫の代では，丸形の種子としわ形の種子の現れる割合は何対何になるか。
丸形：しわ形＝（　　）

□ ❼ 次の文の（　　）に当てはまる言葉や数を書きなさい。

> 顕性形質をもつ親と潜性形質をもつ親から生じる子は，（①　　）形質を示し，子の自家受粉によってできる孫は，顕性形質と潜性形質が（②　　）の割合で現れる。

ヒント ❶❻表2でのAA＋Aaの数とaaの数の割合が，丸形の種子としわ形の種子の割合になります。

【遺伝子の組み合わせ】

❷ ゴールデンハムスターには，さまざまな毛色の個体がいる。このゴールデンハムスターを使って，次のような交配実験を行った。後の問いに答えなさい。

実験 ①茶の毛色の純系の個体（遺伝子の組み合わせBB）と，黒の毛色の純系の個体（遺伝子の組み合わせbb）との間にできた子の個体は全て茶になった。

②①で生まれた個体どうしの間にできた子（最初の個体から見ると孫）には，茶の毛色の個体と黒の毛色の個体が見られた。

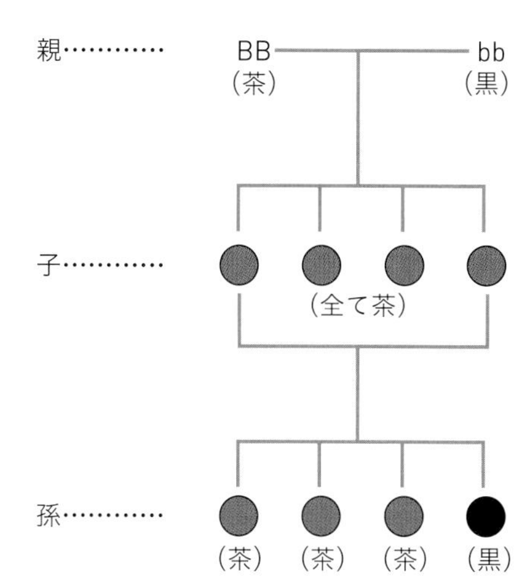

□ ❶ 子の遺伝子の組み合わせを答えなさい。

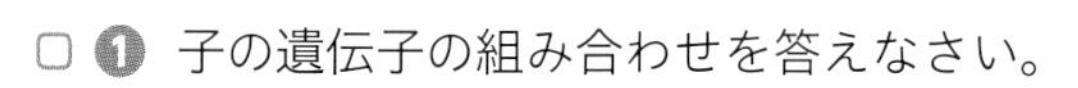

（　　　）

□ ❷ 茶と黒の毛色では，どちらが潜性形質になるか。

（　　　）

□ ❸ 孫に見られる茶の毛色の個体と，黒の毛色の個体の遺伝子の組み合わせを，㋐～㋒から全て選び，記号で答えなさい。

茶（　　　）　黒（　　　）

㋐ BB　㋑ Bb　㋒ bb

【遺伝子の本体】

❸ 遺伝は，細胞の中の遺伝子が子の細胞に受けつがれることで起こる。次の問いに答えなさい。

□ ❶ 遺伝子は，細胞の核（かく）の中のどの部分にあるか。（　　　）

□ ❷ 遺伝子の本体は何という物質か。アルファベットで略称（りゃくしょう）を答えなさい。

（　　　）

□ ❸ ❷の正式名称（物質名）を答えなさい。

（　　　）

遺伝子の本体の物質の名前を覚えているかな。

ミスに注意 ❷ 遺伝子の組み合わせを答える問題については，p.24のような表をかくと，ミスを防ぐことができます。

Step 1 基本チェック　第3章 生物の多様性と進化

赤シートを使って答えよう！

❶ 生物の歴史

▶ 教 p.110-113

- □ 過去の生物の特徴(とくちょう)は，古い地層で発見される［化石］から知ることができる。
- □ 地球上に最初に現れたセキツイ動物は［魚］類である。その後，年代が進むにしたがって，両生類，［ハチュウ］類，ホニュウ類，鳥類が現れたと考えられている。
- □ 生物のからだの特徴が，長い年月をかけて代を重ねる間に変化することを［進化(しんか)］という。

❷ 水中から陸上へ

▶ 教 p.114-115

- □ 魚類の一部は，えら呼吸が［肺］呼吸に，［ひれ］があしに，水中でないと育たない卵から，水のない［陸上］でも乾燥(かんそう)を防ぐ［殻(から)］のある卵をうむように変化し，陸上で生活できるほかのセキツイ動物へと進化した。
- □ 始祖鳥(しそちょう)は，つばさのような［前あし］や羽毛(うもう)など，［鳥］類の特徴をもっているが，つめや口の［歯］など，［ハチュウ］類の特徴ももっている。

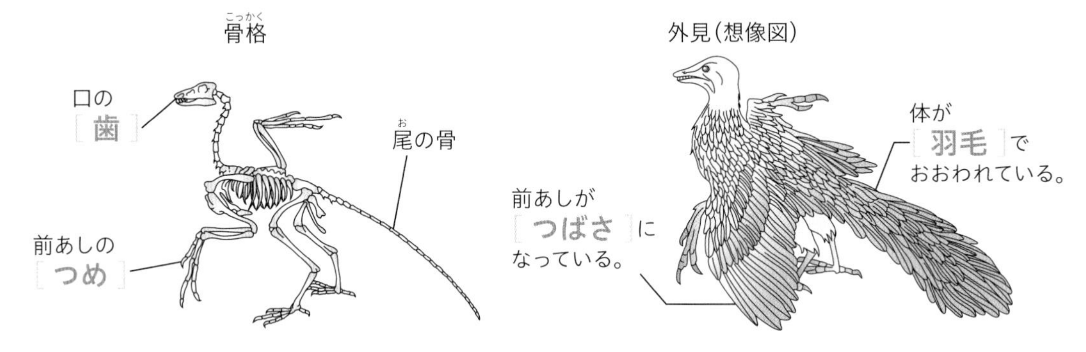

□ 中間的な性質をもつ生物の化石（始祖鳥）

❸ さまざまな進化の証拠

▶ 教 p.116-117

❹ 進化と多様性

▶ 教 p.118-120

- □ コウモリのつばさ，クジラの［ひれ］，ヒトのうでは，基本的なつくりが共通している。このように，現在の形やはたらきは異なっていても，もとは同じ器官であったと考えられるものを［相同器官(そうどうきかん)］という。

始祖鳥の特徴は出題されやすいので，しっかり理解しておこう。

Step 2 予想問題

第3章 生物の多様性と進化

単元2

【セキツイ動物の出現と地質年代】

❶ 図は，ドイツの地層から化石として発見されたある生物の骨格を示したものである。次の問いに答えなさい。

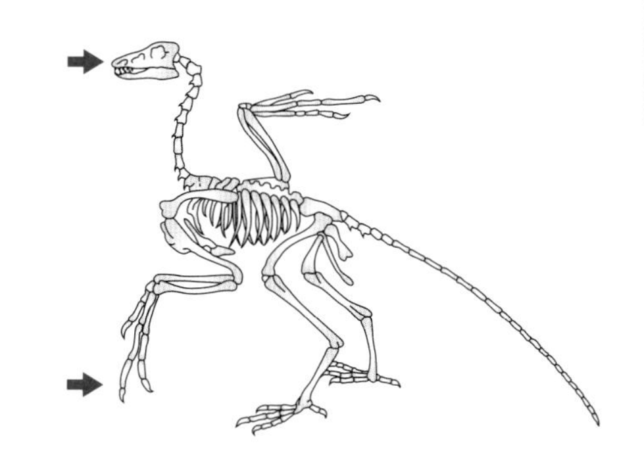

□ ① この生物は何か。（　　　　）

□ ② この生物は，つばさのような前あしをもち，現在の鳥類に似ているが，現在の鳥類がもたない特徴(とくちょう)ももっている。その特徴を，図中の矢印に注目して2つ書きなさい。

（　　　　　　　　）（　　　　　　　　）

□ ③ ②であげた特徴は，動物のどのグループの特徴だといえるか。

（　　　　）

□ ④ この生物について述べた次の文の（　　）に，当てはまる言葉を書きなさい。

> この生物は，（①　　　　）類から（②　　　　）類への変化が起きたということを示す証拠(しょうこ)であると考えられている。

□ ⑤ ④のように，生物が長い年月をかけて代を重ねる間に変化することを何というか。

（　　　　）

【セキツイ動物の進化(しんか)の証拠】

❷ 図は，3種類のセキツイ動物（クジラ，コウモリ，ヒト）の前あしの骨を比較(ひかく)したものである。次の問いに答えなさい。

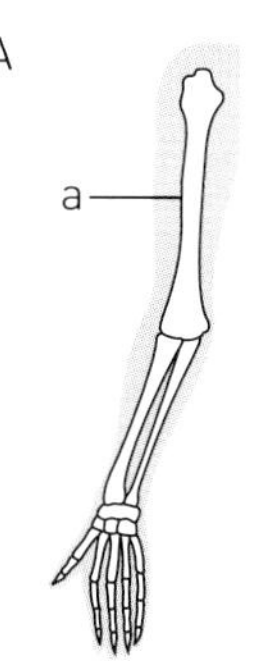

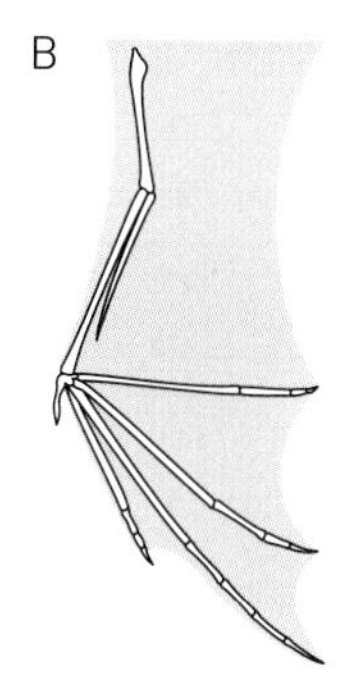

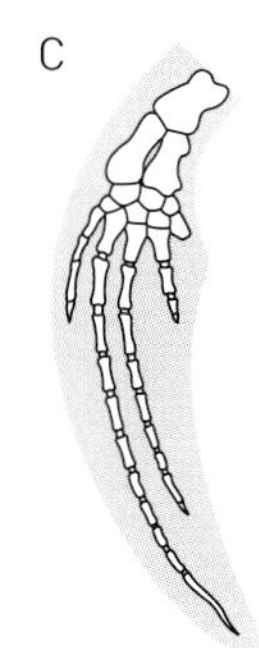

□ ① クジラの前あしを表しているものをA～Cから選び，記号で答えなさい。

（　　　　）

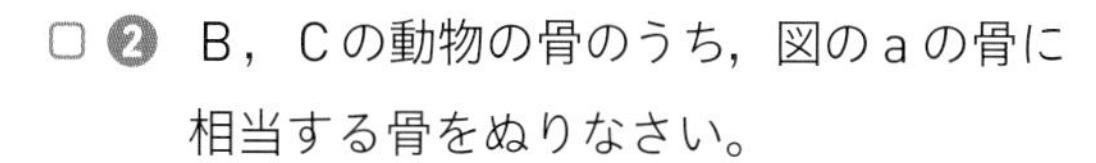

□ ② B，Cの動物の骨のうち，図のaの骨に相当する骨をぬりなさい。

□ ③ これらの比較から何がわかるか。簡単に書きなさい。

（　　　　　　　　　　　　）

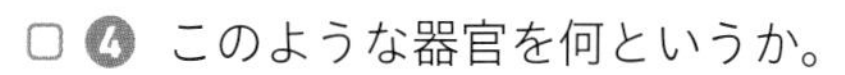

□ ④ このような器官を何というか。（　　　　）

ヒント ❶②口とつばさに，鳥類がもたない特徴があります。

Step 3 予想テスト　単元2 生命の連続性

30分　/100点　目標 70点

❶ 図のように，ソラマメの種子が発芽し，根が約2 cmのびたとき，根の先端から等間隔に印をつけた。次の問いに答えなさい。 技

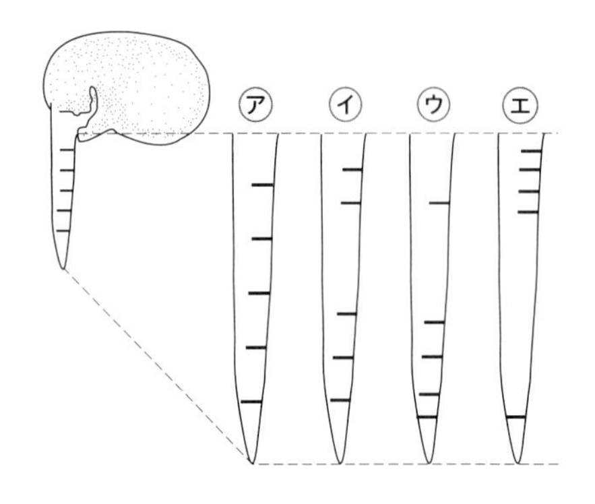

□ ❶ 根が約4 cmのびたときのようすを表したものを，㋐～㋓から選び，記号で答えなさい。

□ ❷ 顕微鏡で根の細胞を観察すると，根もとに近い部分と先端に近い部分では，どちらの方の細胞が大きく縦に長いか。

□ ❸ からだをつくる細胞が２つに分かれて，２個の細胞になることを何というか。

点UP □ ❹ ❸の結果生じた細胞の核にふくまれる染色体の数は，もとの細胞と比べてどうなっているか。簡単に説明しなさい。

❷ 図１はゾウリムシのふえ方，図２はオリヅルランののびた茎の先に新しい個体ができるようすを示したものである。次の問いに答えなさい。

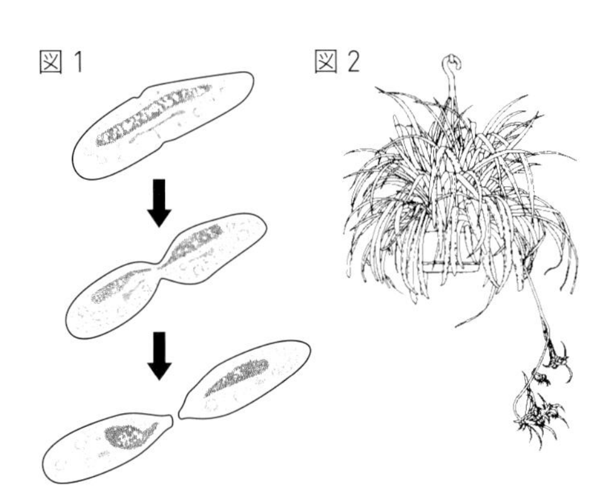

□ ❶ 図１，図２のように，受精を行わずに子をつくる生殖を何というか。

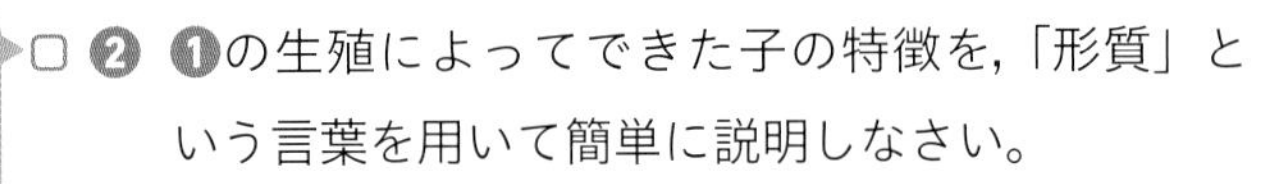

点UP □ ❷ ❶の生殖によってできた子の特徴を，「形質」という言葉を用いて簡単に説明しなさい。

❸ エンドウの子葉の色には，黄色と緑色がある。図は，子葉の色に注目した交配実験(こうはいじっけん)を示している。子葉を黄色にする遺伝子をY，子葉を緑色にする遺伝子をyとして，次の問いに答えなさい。 思

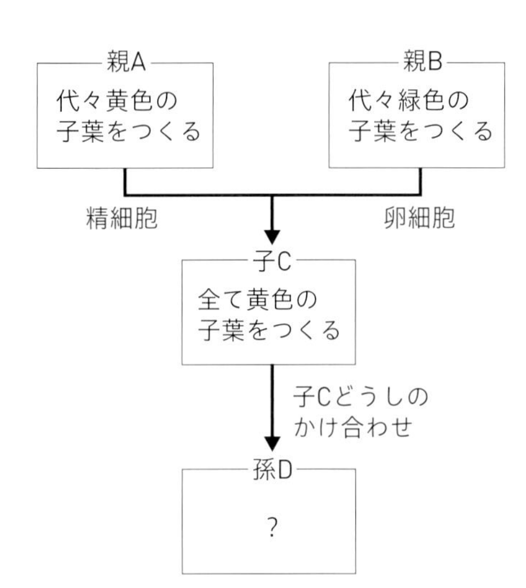

□ ❶ 親A，親Bおよび子Cの遺伝子の組み合わせとして適当なものを，それぞれ㋐～㋔から１つ選び，記号で答えなさい。

㋐ YY　㋑ Yy　㋒ yy

㋓ Y　㋔ y

　成績評価の観点　技…観察・実験の技能　思…科学的な思考・判断・表現

□ ❷ 親Aがつくる精細胞の遺伝子として適当なものを，❶のⓐ～ⓞから１つ選び，記号で答えなさい。

□ ❸ 親Bがつくる卵細胞の遺伝子として適当なものを，❶のⓐ～ⓞから１つ選び，記号で答えなさい。

卵細胞の遺伝子＼精細胞の遺伝子	Y	①
Y	YY	②
③	④	yy

□ ❹ 表のように，孫Dの遺伝子の組み合わせを考えた。①～④に当てはまる遺伝子として適当なものを，それぞれ❶のⓐ～ⓞから１つ選び，記号で答えなさい。

□ ❺ 孫Dがつくる子葉の色について適当なものを，ⓐ～ⓔから１つ選び，記号で答えなさい。

ⓐ 全ての個体が黄色の子葉をつくる。

ⓘ 全ての個体が緑色の子葉をつくる。

ⓤ 子葉が黄色の個体と緑色の個体の数の比がおよそ３：１になる。

ⓔ 子葉が黄色の個体と緑色の個体の数の比がおよそ２：１になる。

□ ❻ 対になっている遺伝子が別々に分かれる細胞分裂を何というか。

❹ 図は，ⓐ～ⓞのセキツイ動物の各グループの化石が発見される地質年代をまとめたものである。次の問いに答えなさい。

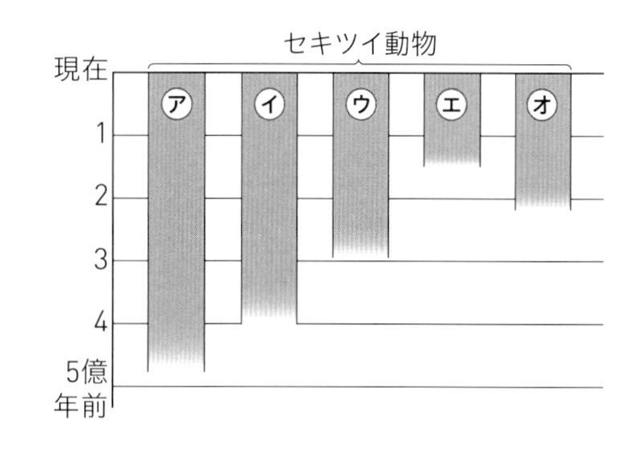

□ ❶ ⓐ～ⓞの動物は，それぞれ何類か。

□ ❷ セキツイ動物の各グループに見られる共通性や，化石が出現する順序などから，あるグループが変化してほかのグループとして現れたと考えられる。このように，生物のからだの特徴が長い年月をかけて代を重ねる間に変化することを何というか。

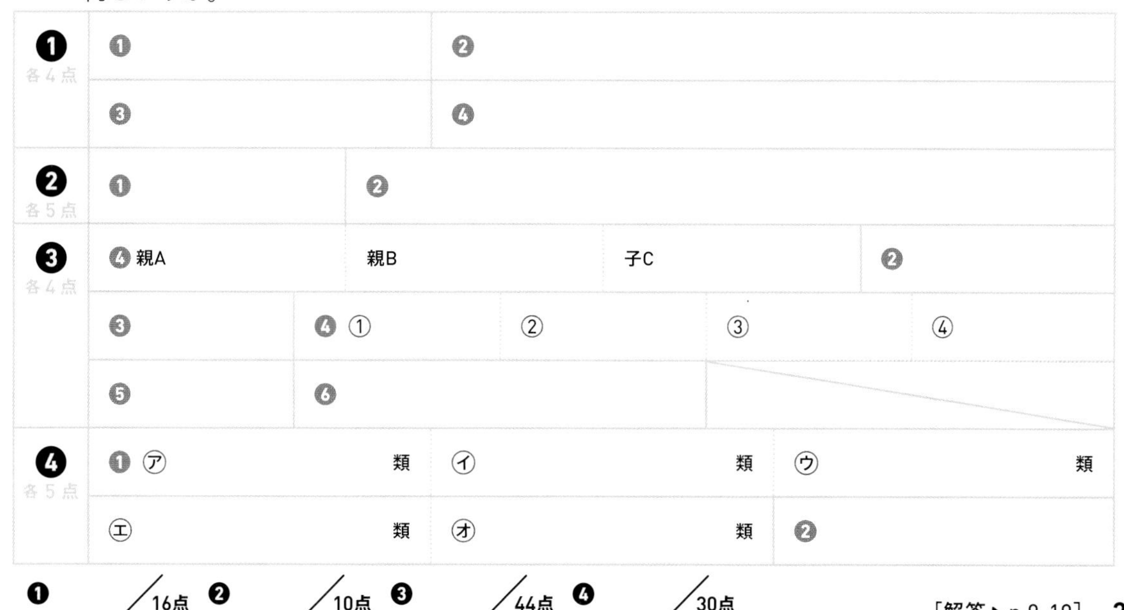

❶ ／16点　❷ ／10点　❸ ／44点　❹ ／30点

[解答▶p.9-10]

Step 1 基本チェック　第1章 物体の運動

赤シートを使って答えよう！

❶ 物体の運動の記録

▶ 教 p.134-137

□ 速さ〔m/s〕＝ 移動距離〔［ m ］〕／ かかった［ 時間 ］〔s〕

□ 速さの単位には，［ メートル毎秒 ］（記号 m/s）やセンチメートル毎秒（記号 cm/s），キロメートル毎時（記号 ［ km/h ］）などがある。

❶手で力学台車を瞬間的におす。

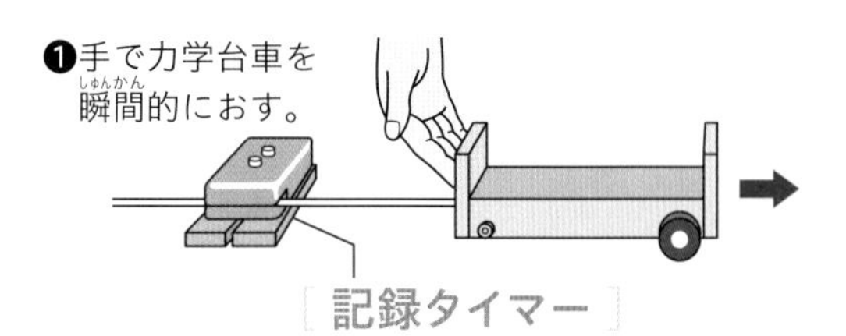

❷実験後，記録テープを東日本では 5 打点（西日本では 6 打点）ごとに切り，グラフ用紙にはる。横軸は［ 時間 ］を，縦軸は［ 0.1 ］秒間に移動した［ 距離 ］を表す。

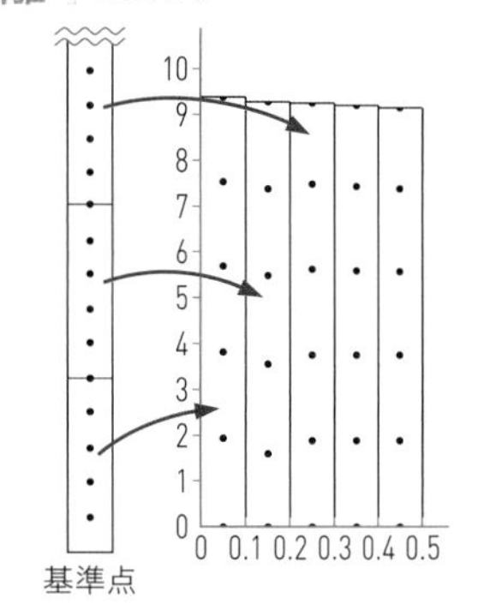

□ **運動の記録**

❷ 物体の運動の速さの変化

▶ 教 p.138-139

□ ある距離を一定の速さで移動したと考えたときの速さを［ 平均 ］の速さという。

□ 時間の変化に応じて，刻々と変化する速さを［ 瞬間 ］の速さという。

□ 物体が，一直線上を一定の速さで進む運動を［ 等速直線運動 ］といい，移動距離は時間に［ 比例 ］して増加する。

❸ だんだん速くなる運動

▶ 教 p.140-143

□ 静止していた物体が，重力によって水平面に対して垂直に落下する運動を［ 自由落下 ］という。

❹ だんだんおそくなる運動

▶ 教 p.144-146

□ 斜面上を上る台車のように，台車の運動の向きと力の向きが［ 逆 ］の場合，台車はだんだんおそくなる。

記録タイマーのテープを使った問題は出題されやすいので，記録テープから物体の運動のようすが読みとれるようにしておこう。

Step 2 予想問題　第1章 物体の運動

30分
（1ページ10分）

【 水平面上での台車の運動 】

❶ 物体の運動について，次のような実験を行った。後の問いに答えなさい。

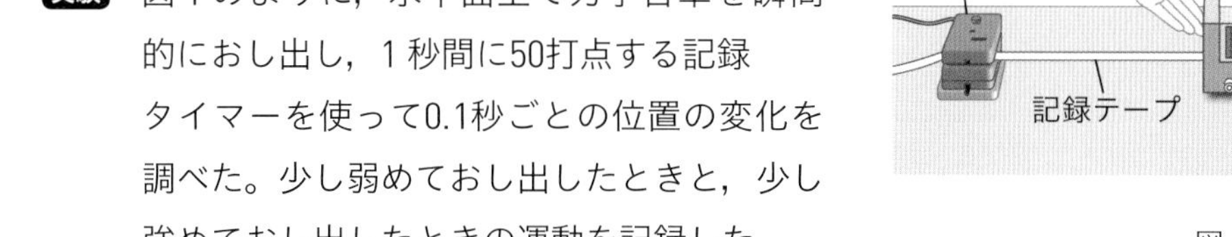

実験 図1のように，水平面上で力学台車を瞬間（しゅんかん）的におし出し，1秒間に50打点する記録タイマーを使って0.1秒ごとの位置の変化を調べた。少し弱めておし出したときと，少し強めておし出したときの運動を記録した。

図1

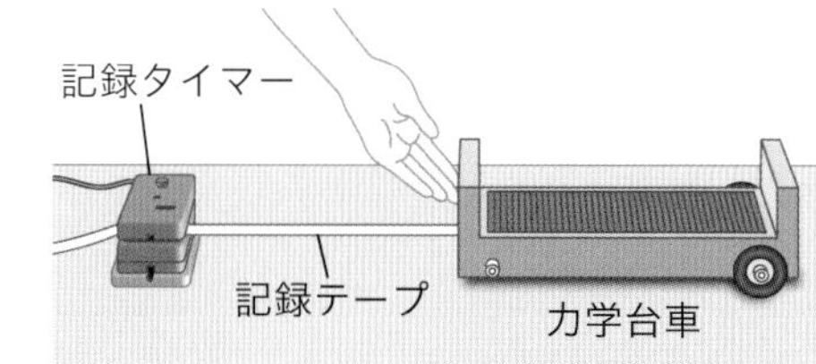

□ ❶ 記録テープの最初の打点を除外するのはなぜか。

（　　　　　　　　　　　　　　）

□ ❷ 図2は，少し弱めておし出したときと，少し強めておし出したときの記録テープのようすを並べたものである。少し強めておし出したときのものは，A，Bのどちらか。（　　　）

図2

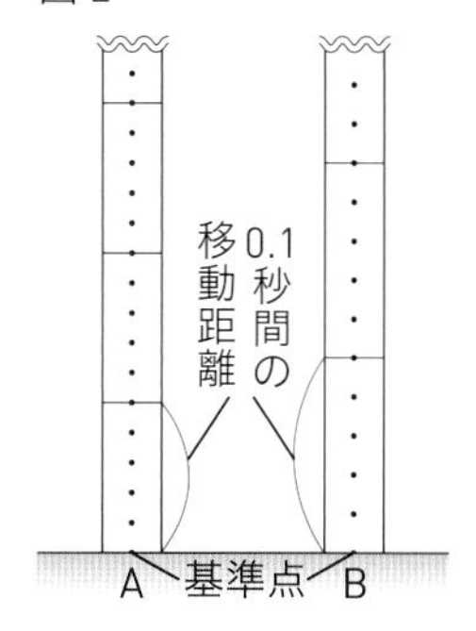

□ ❸ 図3は，少し弱めておし出したときの記録テープを，0.1秒ごとに切りはなし，方眼紙に並べてはりつけたものである。0秒から0.4秒までに，力学台車が移動した距離はいくらか。

（　　　　　）

□ ❹ この力学台車の速さはいくらか。（　　　　　）

図3

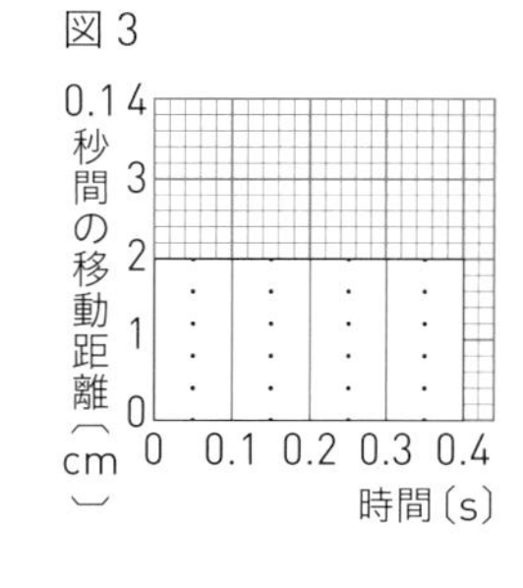

【 物体の運動の速さ 】

❷ グラフは自動車A，自動車Bの運動のようすである。次の問いに答えなさい。

□ ❶ 自動車Aは1秒ごとの移動距離が変化している。このように，時間の変化に応じて刻々と変化する速さのことを何というか。

（　　　　　　）

□ ❷ 自動車Bの平均の速さは何m/sか。また，何km/hか。

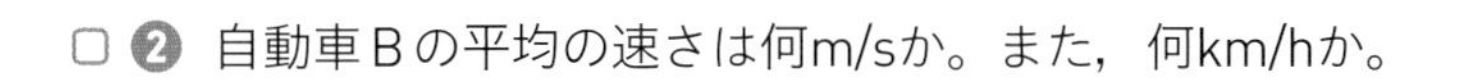

（　　　　）（　　　　）

□ ❸ 自動車Bは，一直線上を一定の速さで進んでいる。このような運動を何というか。（　　　　　　　）

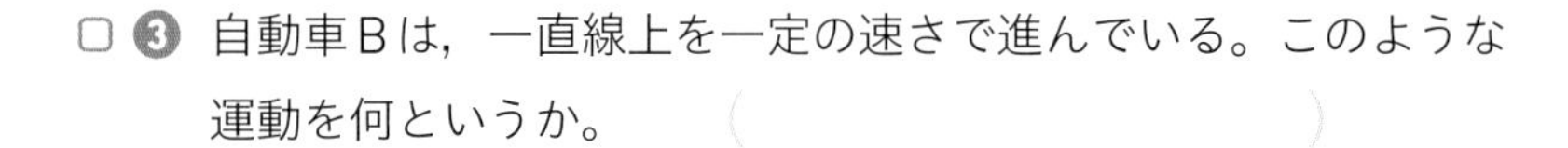

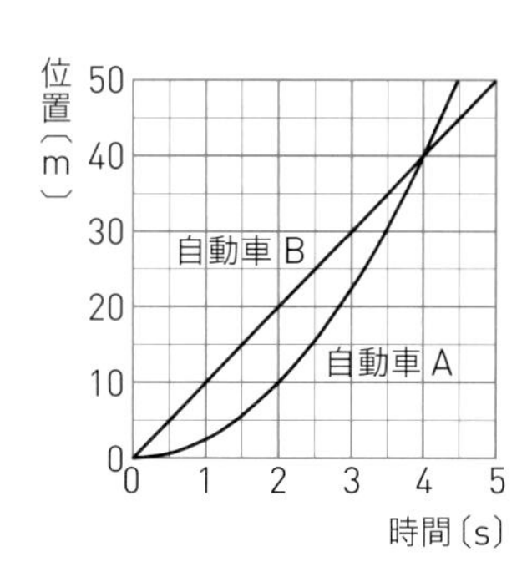

ヒント ❷❷ 1時間（3600秒）で進む距離は，1秒で進む距離を3600倍したものになります。

【 だんだん速くなる運動 】

❸ 斜面(しゃめん)上での台車の運動について，次のような実験を行った。後の問いに答えなさい。

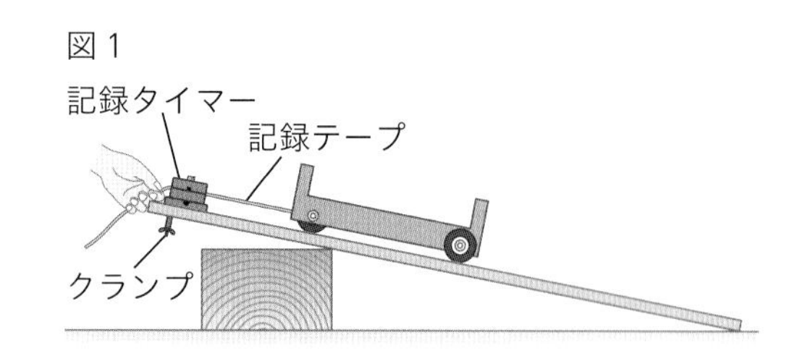

実験 図１のように，斜面上にのせた力学台車を静かにはなし，１秒間に60打点する記録タイマーを使って運動を調べた。

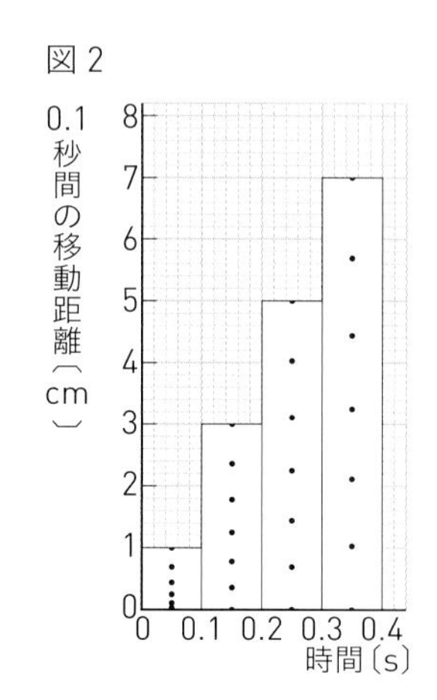

□ ❶ 斜面を下る力学台車の速さは，時間とともにどうなるか。

（　　　　　　　　　　　　）

□ ❷ 図２は，力学台車の運動を調べた記録テープを，0.1秒ごとに切りはなし，方眼紙に並べてはりつけたものである。0.2秒から0.3秒の区間の平均の速さはいくらか。また，０秒から0.4秒の区間の平均の速さはいくらか。

0.2秒から0.3秒（　　　　　）

０秒から0.4秒（　　　　　）

□ ❸ 斜面の傾(かたむ)きを大きくすると，力学台車の速さはどうなるか。

（　　　　　　　　　　　　）

【 物体の落下 】

❹ 図は，金属球を静かにはなし，垂直に落下させたときの金属球の位置を0.1秒ごとに記録したものである。次の問いに答えなさい。

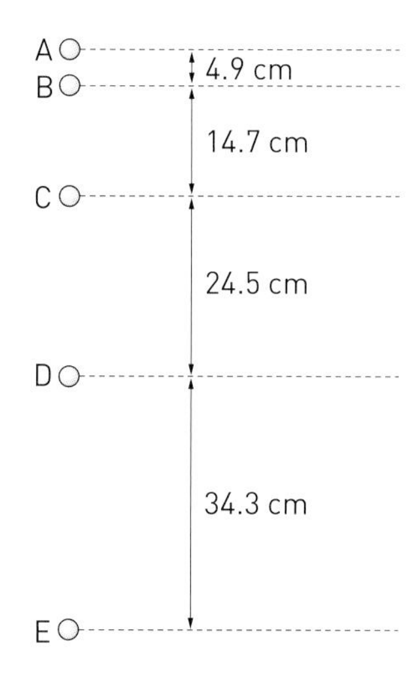

□ ❶ 垂直に落下する金属球の速さは，時間がたつにつれてどのように変化するか。（　　　　　　）

□ ❷ 金属球が落下する向きにはたらく力は何か。

（　　　　　　）

□ ❸ 金属球にはたらく力の大きさは，時間がたつにつれて変化するか。（　　　　　　）

□ ❹ この金属球のように，水平面に対して垂直に落下する運動を何というか。（　　　　　　）

ヒント ❸❸斜面の傾きを大きくすると，斜面上を下る向きに力学台車にはたらく力が大きくなります。

【 斜面上を上る台車の運動 】

❺ 図のように，力学台車を斜面の下から手でおし出して，斜面上を上らせた。次の問いに答えなさい。

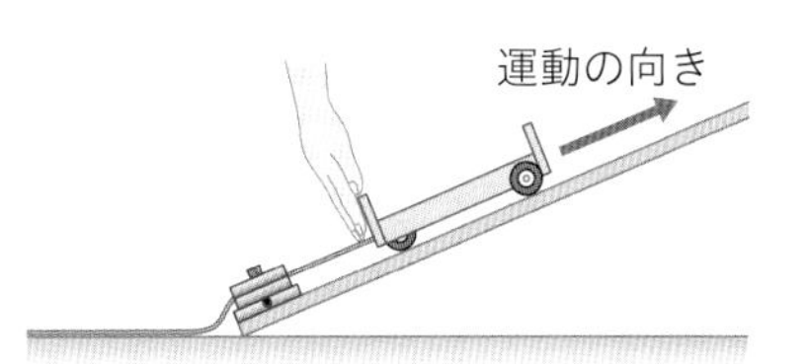

□ ❶ 斜面を上らせたとき，力学台車の速さはどうなったか。㋐〜㋒から１つ選び，記号で答えなさい。

（　　　）

㋐ だんだん速くなる。　㋑ だんだん遅くなる。
㋒ ずっと同じ速さである。

□ ❷ ❶のときに力学台車にはたらいている力は，斜面上向き，斜面下向きのどちらか。（　　　　　）

【 いろいろな運動 】

❻ 記録タイマーでいろいろな物体の運動を記録した。下のグラフは，そのときの記録テープを0.1秒分の運動ごとに切りとり，順に左から並べてはりつけたものである。次の問いに答えなさい。なお，グラフの打点は省略している。

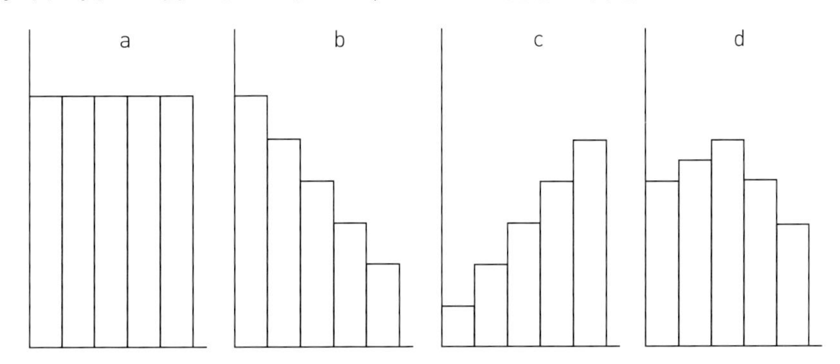

□ ❶ 速さがだんだん速くなっている運動を記録したものを，ａ〜ｄから選び，記号で答えなさい。（　　　）

□ ❷ 等速直線運動（とうそくちょくせんうんどう）を記録したものを，ａ〜ｄから選び，記号で答えなさい。

（　　　）

□ ❸ 右のグラフは，時間と移動距離の関係を示したものである。このような関係になるものを，ａ〜ｄから選び，記号で答えなさい。（　　　）

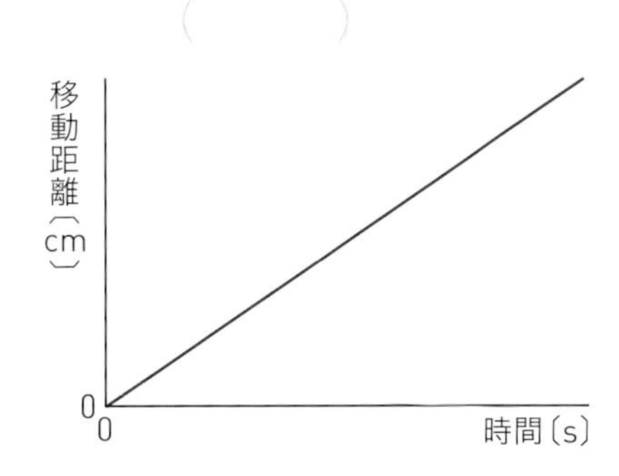

ヒント ❻❶❷ 1枚1枚の記録テープの長さは0.1秒間の移動距離，つまり速さを表しています。

［解答▶p.10-11］

Step 1 基本チェック　第2章 力のはたらき方

10分

赤シートを使って答えよう！

❶ 力の合成と分解

▶ 教 p.148-153

□ 複数の力と同じはたらきをする1つの力を［合力］といい，この1つの力を求めることを力の［合成］という。

□ 1つの力を分けた複数の力を［分力］といい，この複数の力に分けることを力の［分解］という。

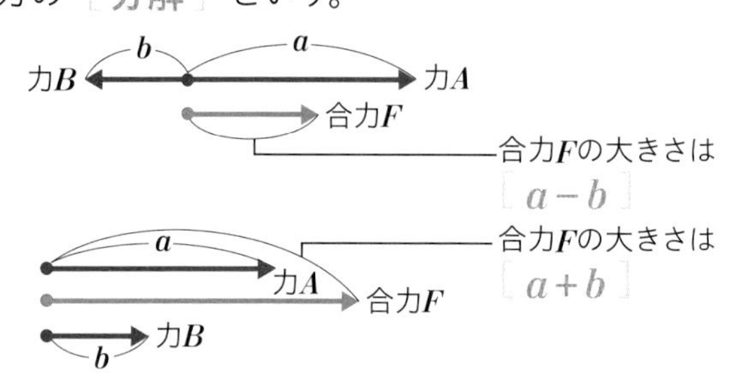

□ 2力が一直線にある場合

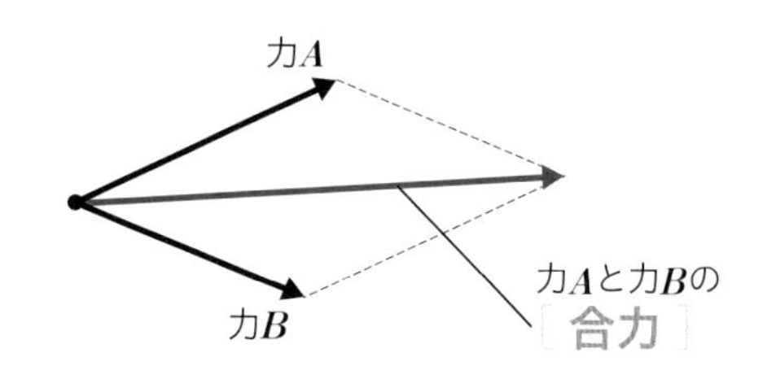

□ 2力が一直線にない場合

❷ 慣性の法則

▶ 教 p.154-155

□ 物体に力がはたらいていないか，力がはたらいていても合力が0のとき，静止している物体は［静止］し続け，運動している物体はそのままの速さで［等速直線運動］を続ける。これを［慣性］の法則といい，物体がもつこの性質を［慣性］という。

❸ 作用・反作用の法則

▶ 教 p.156-157

□ ある物体が別の物体に力を加えると，同時に相手の物体から，大きさが同じで，［逆］向きの力を受けることを，［作用・反作用］の法則という。

❹ 水中ではたらく力

▶ 教 p.158-161

□ 水中ではたらく圧力を［水圧］といい，［あらゆる］方向からはたらく。

□ 水圧は，水の深さが［深く］なるほど大きくなる。

□ 水中の物体に上向きにはたらく力を［浮力］といい，その大きさは物体の水中にある部分の［体積］が大きいほど大きい。

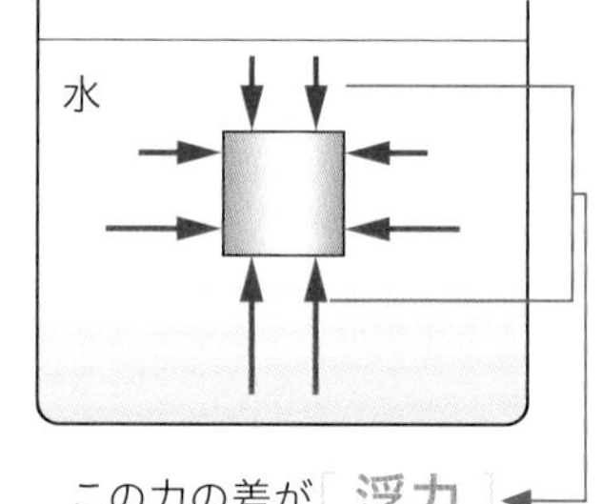

この力の差が［浮力］

□ 浮力

力の合成と分解の作図はよく出題されるので，問題をよく解いておこう。

Step 2 **予想問題**

第2章 力のはたらき方

【力の合成】

□ ❶ ①と②は一直線上にある2つの力，③は一直線上にない2つの力を表している。それぞれの力の合力をかきなさい。

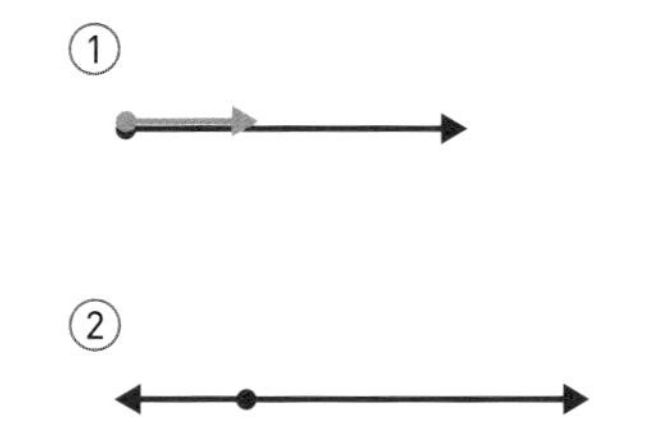

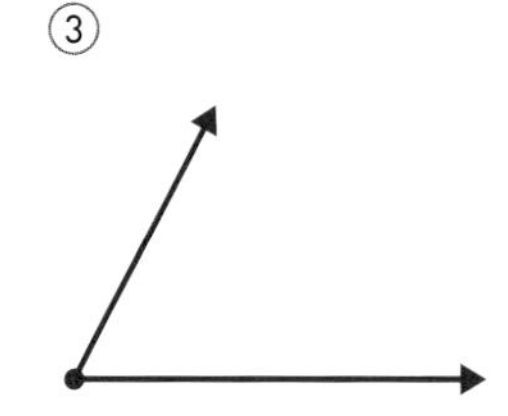

【力の分解】

□ ❷ ①では，矢印で示された力を，点線の方向の2つの力に分解しなさい。
また，②では，太い矢印で示された力を2つの力に分解して，そのうちの1つの分力を細い矢印で示している。もう1つの分力をかきなさい。

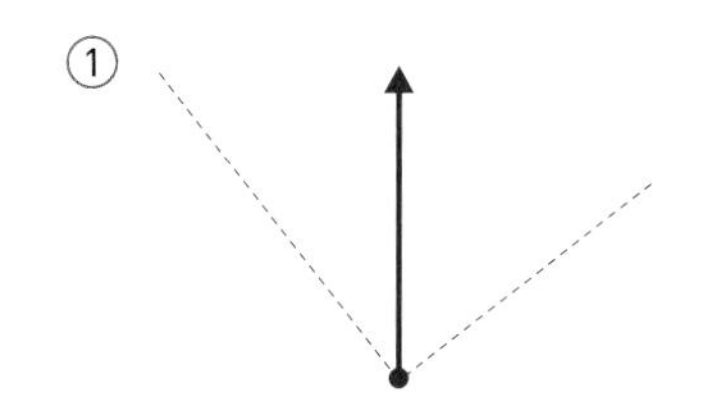

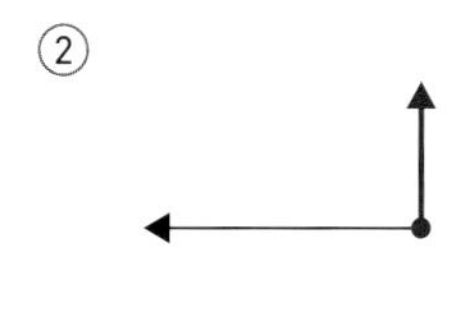

【重力の分解】

❸ 図のように，斜面上に物体が静止している。次の問いに答えなさい。ただし，100 gの物体にはたらく重力の大きさを1 Nとする。

ア　イ　30°　重力

□ ❶ 重力を斜面に平行な方向㋐と斜面に垂直な方向㋑に分解して，図にかき加えなさい。

□ ❷ この物体の質量は500 gである。㋐の力の大きさは何Nか。右の三角形を利用して答えなさい。（　　　）

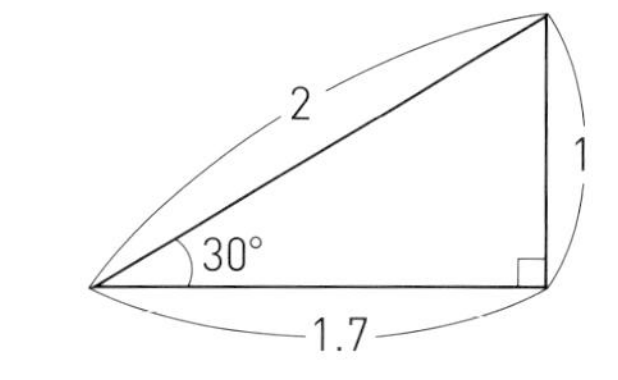

□ ❸ この物体が静止しているのは，㋐の力や㋑の力と逆向きの力が斜面から物体にはたらいているからである。これらの力をそれぞれ何というか。

① ㋐の力と逆向きの力（　　　）

② ㋑の力と逆向きの力（　　　）

ヒント ❸❷重力と㋐の力の大きさは，2：1の割合になります。

【慣性の法則】

❹ 走っている電車がブレーキをかけた。次の問いに答えなさい。

□ ❶ このとき，電車の中で進行方向を向いて立っている人はどうなるか。簡単に書きなさい。（　　　　　）

□ ❷ ❶のようになるのは，慣性によるものである。慣性の法則がなり立つ場合を，㋐～㋓から全て選び，記号で答えなさい。（　　　　）

㋐ 力がしだいに大きくなる場合　　㋑ 力がしだいに小さくなる場合

㋒ 力がはたらかない場合　　㋓ 合力が0の場合

□ ❸ ❷の性質で説明できるものを，㋐～㋓から選び，記号で答えなさい。（　　　）

㋐ 真上に投げたボールは，やがて落ちてくる。

㋑ 自転車のペダルをこがないでいると，やがて自転車の車輪は止まる。

㋒ だるま落としでは，たたいた段は横に飛ぶが，それ以外の段は下に落下する。

㋓ ふりこ時計のふりこが一定の間隔でふれている。

【作用・反作用の法則】

❺ 図は，AさんとBさんがそれぞれ別のボートに乗り，AさんがBさんの乗ったボートをオールでおすところである。次の問いに答えなさい。

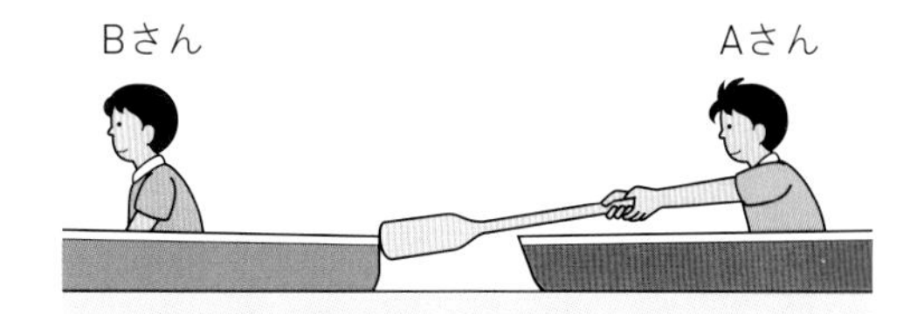

□ ❶ 静止しているBさんは，図の右か左のどちらに動くか。（　　　）

□ ❷ 静止しているAさんは，図の右か左のどちらに動くか。（　　　）

□ ❸ AさんがBさんのボートに加えた力と，AさんがBさんのボートから受けた力の関係はどうなるか。㋐～㋓から選び，記号で答えなさい。（　　　）

㋐ 同じ大きさで同じ向きである。

㋑ ちがう大きさで同じ向きである。

㋒ 同じ大きさで逆向きである。

㋓ ちがう大きさで逆向きである。

□ ❹ このような現象が起こるのは，何とよばれる法則によるものか。（　　　　　　　）

ヒント ❹❶電車がブレーキをかけると，電車に乗っている人は足だけ止められ，上体は動き続けようとします。

【 水圧(すいあつ) 】

❻ うすいゴム膜(まく)を張った透明(とうめい)なパイプを，右の図のように深さを変えて水に入れ，ゴム膜のようすを観察した。次の問いに答えなさい。

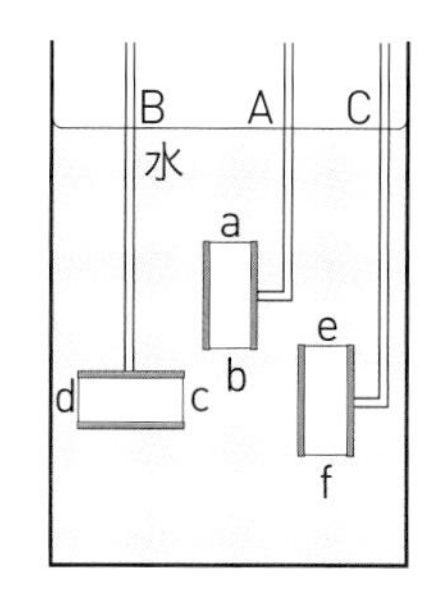

□ ❶ 装置Bのゴム膜は，どのようになっているか。㋐～㋓から選び，記号で答えなさい。（　　　）

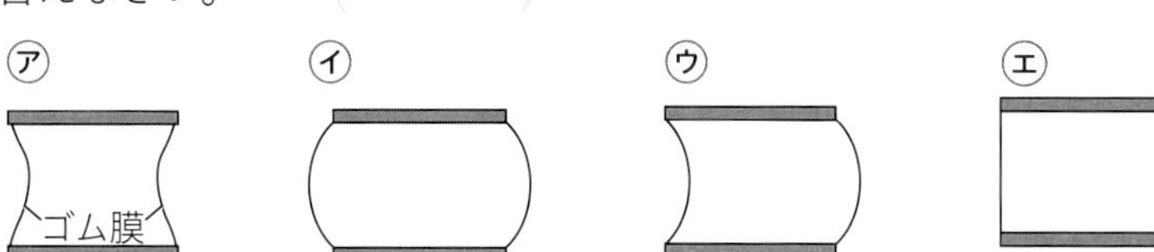

□ ❷ へこみ方が最も大きいゴム膜を，a～f から選び，記号で答えなさい。

（　　　）

□ ❸ ゴム膜 b と同じ大きさにへこんでいるものを，a～f から全て選び，記号で答えなさい。（　　　）

【 物体にはたらく水圧と上向きにはたらく力 】

❼ 水中の物体にはたらく力について，次の問いに答えなさい。

□ ❶ 水中の物体は，水中の物体より上にある水の重力によって圧力を受ける。この圧力を何というか。（　　　）

□ ❷ ❶による力はどのようにはたらいているか。㋐～㋓から選び，記号で答えなさい。

（　　　）

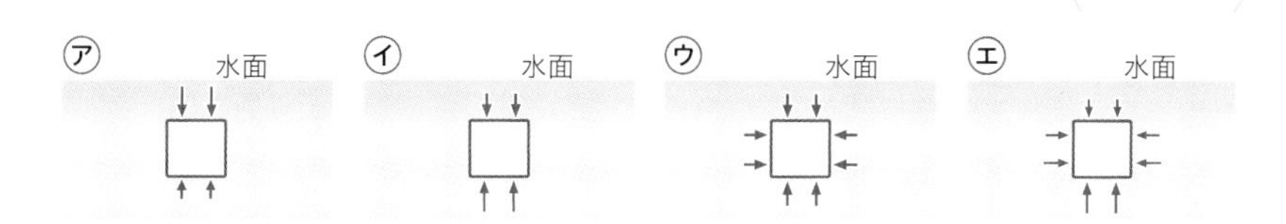

□ ❸ 水中の物体には，上向きの力がはたらいていて，物体にはたらく重力よりもこの力が大きければ，物体はうかぶ。この上向きの力について説明した次の文の（　　）にあてはまる言葉を書きなさい。

> 水中にある物体には，（①　　　　　　）向きから力がはたらいているが，左右の力は打ち消し合う。上下方向では，深い方が物体にはたらく力が（②　　　　　　）ため，上向きの力が生じる。

ミスに注意　❼❷水圧は，深さが深いほど大きくなります。

［解答▶p.11-13］

【浮力】

8 浮力について，次の実験を行った。後の問いに答えなさい。ただし，100 gの物体にはたらく重力の大きさを1 Nとする。

実験　ばねに100 gのおもりをつるしたところ，ばねののびは12 cmだった。次に，そのままおもりを図1のように水中にしずめると，ばねののびは9 cmになった。

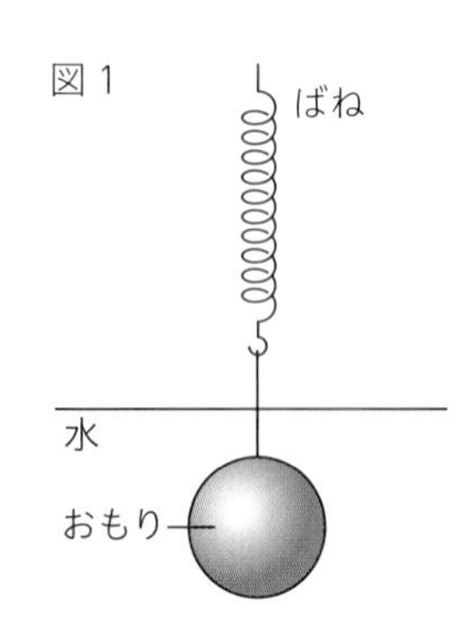

□ 1 図1で，ばねがおもりを引く力の大きさは何Nか。

（　　　　）

□ 2 図1で，おもりが受ける浮力は何Nか。（　　　　）

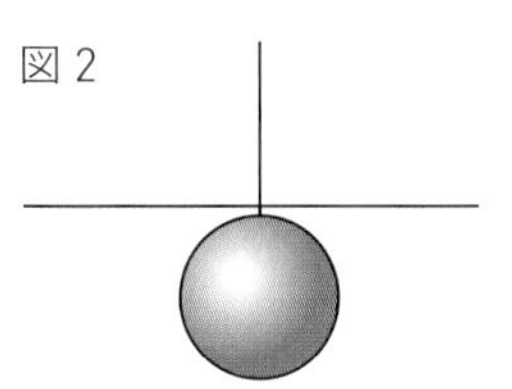

□ 3 おもりを図2のように水面近くに移動して浮力の大きさを調べた。浮力の大きさは図1のときと比べてどうなるか。簡単に説明しなさい。（　　　　）

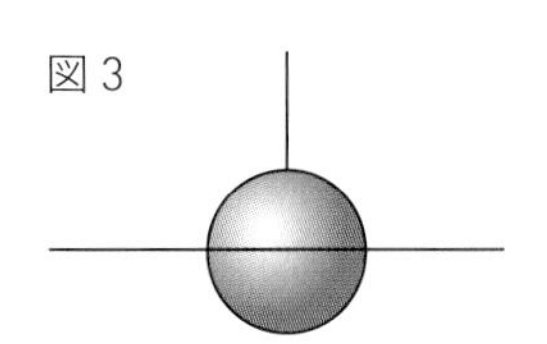

□ 4 おもりを図3のようにして，水中から半分だけ出した。このときのばねののびを，㋐～㋓から選び，記号で答えなさい。

（　　　　）

㋐ 12 cm　㋑ 10.5 cm　㋒ 9 cm　㋓ 7.5 cm

ミスに注意　8 3 浮力は深さには関係なく，しずんでいる部分の体積が増すほど大きくなります。

Step 1 基本チェック

第3章 エネルギーと仕事

10分

単元3

赤シートを使って答えよう！

❶ さまざまなエネルギー
▶ 教 p.164-165

□ 物体を動かしたり，変形させたり，熱や光を出したりするなど，さまざまな作用をすることができる能力を［エネルギー］という。

❷ 力学的エネルギー
▶ 教 p.166-169

□ 運動している物体がもつエネルギーを［運動(うんどう)エネルギー］，高い位置にある物体がもっているエネルギーを［位置(いち)エネルギー］という。

□ 運動エネルギーと位置エネルギーを合わせた総量を［力学的(りきがくてき)エネルギー］という。

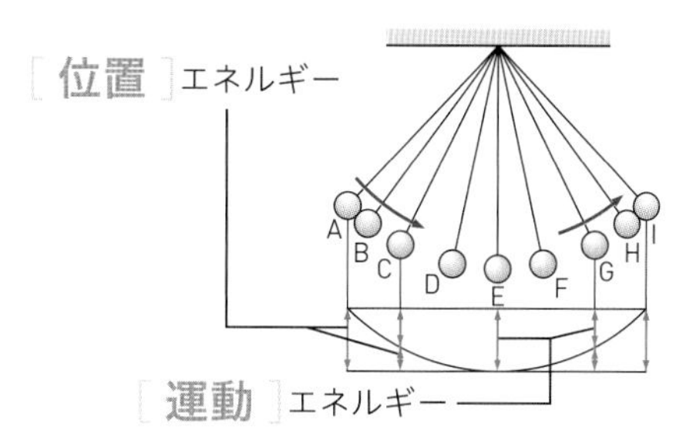

□ ふりこの運動と力学的エネルギーの保存

□ 力学的エネルギーの総量が一定に保たれることを［力学的(りきがくてき)エネルギーの保存(ほぞん)］という。

❸ 仕事と力学的エネルギー
▶ 教 p.170-175

□ 物体に力を加えて移動させたとき，その力は物体に「［仕事(しごと)］をした」という。
仕事〔J〕＝物体に加えた［力］〔N〕×力の向きに移動させた［距離］〔m〕

❹ 仕事の原理と仕事率
▶ 教 p.176-179

□ どんな道具を使っても，同じ状態になるまでの仕事の大きさが変わらないことを［仕事(しごと)の原理(げんり)］という。

□ 単位時間（1秒間）あたりにする仕事を［仕事率(しごとりつ)］という。

$$仕事率〔W〕=\frac{仕事〔J〕}{［時間］〔s〕}$$

❺ エネルギーの変換と保存
▶ 教 p.180-183

□ エネルギーの変換の前後で総量は変わらないことを［エネルギーの保存(ほぞん)］という。

力学的エネルギーの保存は出題されることが多いので，理解を深めておこう。

Step 2 予想問題　第3章 エネルギーと仕事

【ふりことエネルギー】

❶ 図のように，ふりこがAからEへ動くときについて，次の問いに答えなさい。

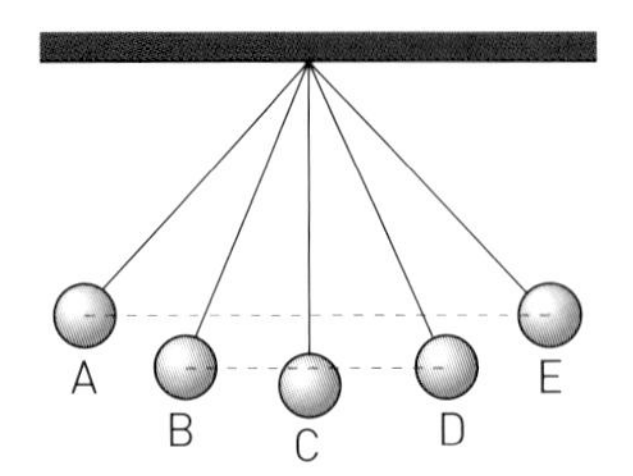

□ ❶ ふりこのおもりの位置エネルギーが最大になる位置はどこか。A～Eから全て選び，記号で答えなさい。（　　　）

□ ❷ 位置エネルギーが増加し，運動エネルギーが減少しているのはどの区間か。（　　～　　）

□ ❸ BとCで，運動エネルギーが大きい位置はどちらか。（　　）

□ ❹ Aでの運動エネルギーと同じ大きさの運動エネルギーをもっている位置はどこか。B～Eから選び，記号で答えなさい。（　　）

□ ❺ 運動エネルギーと位置エネルギーを合わせた総量を何というか。

【仕事の考え方】

□ ❷ 荷物にした仕事の大きさが0になるものを，㋐～㋒から全て選び，記号で答えなさい。（　　　）

㋐ 重い荷物を1m持ち上げたとき。
㋑ 重い荷物を持って立っているとき。
㋒ 重い荷物を持ち上げたまま1m歩いたとき。

【仕事とエネルギー】

❸ 図のように，質量2kgの物体を一定の速さで基準面から1m持ち上げる仕事をした。次の問いに答えなさい。ただし，100gの物体にはたらく重力の大きさを1Nとする。

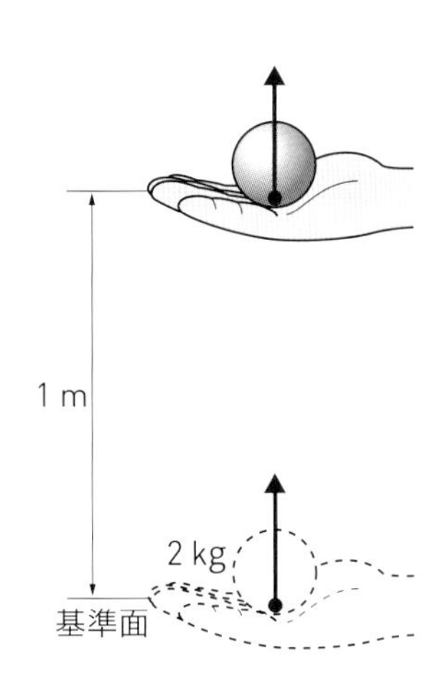

□ ❶ 物体を持ち上げるのに必要な力は何Nか。（　　　）

□ ❷ 手が物体を持ち上げた力がした仕事はいくらか。（　　　）

ヒント ❷ 物体が移動しない場合や，加えた力と移動の向きが垂直な場合は，仕事の大きさが0になります。

【 摩擦力(まさつりょく)に逆らってする仕事 】

❹ 図のように，台の上に置いた物体を一定の速さで水平におしたときの手が物体にした仕事について，次の問いに答えなさい。

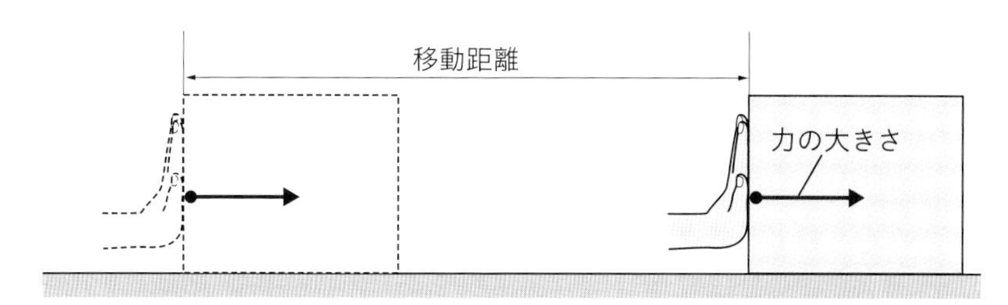

□ ❶ 次の式は，仕事の大きさを表したものである。（　　）に当てはまる言葉を書きなさい。

仕事＝（　　　　　　）×（　　　　　　）

□ ❷ 4 Nの力で物体を50 cm動かしたとき，手が物体に対してした仕事は何Jか。

（　　　　）

【 仕事の大きさ 】

❺ いろいろな仕事の大きさについて，次の問いに答えなさい。ただし，100 gの物体にはたらく重力の大きさを1 Nとする。

□ ❶ 質量200 gの物体を一定の速さで1 mの高さまで持ち上げたときの仕事の大きさはいくらか。（　　　　）

□ ❷ 重量挙(あ)げで，200 kgのバーベルを 2 秒間，頭の上で支え続けたときの仕事の大きさはいくらか。（　　　　）

仕事を求める式を覚えているかな。

ミスに注意　❹❷仕事の大きさを求めるときは，単位をまちがえないようにしましょう。

【 仕事と力学的エネルギー 】

❻ 図のような斜面をつくり，20 gと40 gの金属球を高さを変えて転がし，水平な床の上にある物体に当てて，物体の移動距離を調べた。グラフは，そのときの金属球の初めの高さと物体の移動距離との関係を表したものである。次の問いに答えなさい。

□ ❶ 同じ質量の金属球では，高さが 2 倍になると，物体の移動距離は何倍になるか。（　　　　）

□ ❷ 同じ高さから転がすとき，金属球の質量が 2 倍になると，物体の移動距離は何倍になるか。（　　　　）

□ ❸ 金属球が図のＡの高さで静止しているとき，金属球のもっているエネルギーは何エネルギーか。

（　　　　　　　　）

□ ❹ 金属球が物体に当たるとき，❸のエネルギーは何エネルギーに変わっているか。

（　　　　　　　　）

【 仕事の原理と仕事率 】

❼ 図のように，２つの方法で質量5 kgの物体を一定の速さでＣの高さまで持ち上げた。次の問いに答えなさい。ただし，100 gの物体にはたらく重力の大きさを1 Nとし，摩擦は考えないものとする。

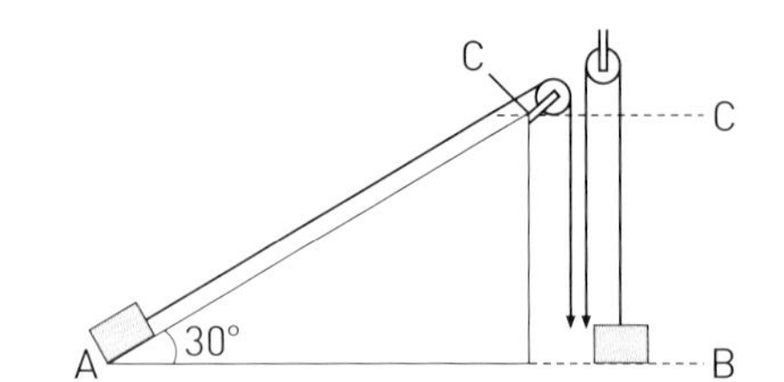

□ ❶ BC間の距離は2.5 mである。次の①，②の仕事の大きさをそれぞれ求めなさい。

① 斜面を使ってＡからＣまで持ち上げたとき（　　　　）

② 定滑車を使ってＢからＣまで持ち上げたとき（　　　　）

□ ❷ 斜面を使った場合，ＡからＣまで持ち上げるのに25秒かかり，直接持ち上げたときは１分40秒かかった。次の①，②の仕事率をそれぞれ求めなさい。

① 斜面を使って持ち上げたとき（　　　　）

② 定滑車を使って持ち上げたとき（　　　　）

ヒント ❼❷仕事率の単位にはワット（W）を使います。

【 定滑車と動滑車 】

❽ 質量5 kgの物体を一定の速さで4 mの高さまで引き上げるのに，Aでは定滑車を，Bでは動滑車を使った。次の問いに答えなさい。ただし，ひもや滑車の質量，摩擦は考えないものとし，100 gの物体にはたらく重力の大きさを1 Nとする。

□ ❶ A，Bで，人がひもを引く力をそれぞれ求めなさい。

A（　　　　）　B（　　　　）

□ ❷ A，Bで，人がひもを引いた距離をそれぞれ求めなさい。

A（　　　　）　B（　　　　）

【 エネルギーの変換 】

❾ 図と次の①～⑥は，エネルギーの移り変わりについて模式的に示したものである。後の問いに答えなさい。

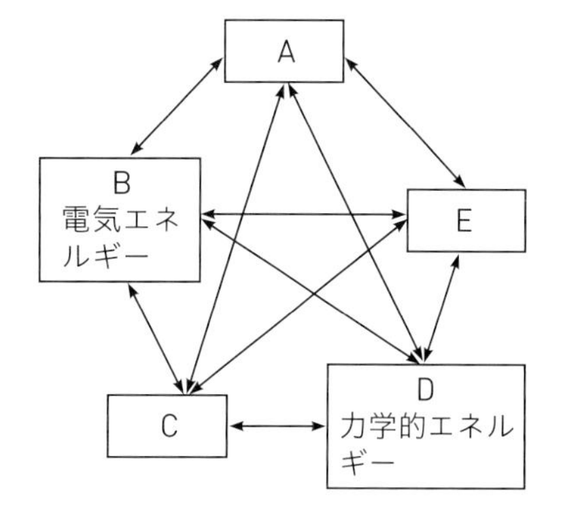

① 発光ダイオードを点灯させる。エネルギーはBがCに変換される。

② モーターを動かす。エネルギーはBがDに変換される。

③ 乾電池を使う。エネルギーはEがBに変換される。

④ 植物は光合成によってデンプンなどをつくる。エネルギーはCがEに変換される。

⑤ アイロンを使う。エネルギーはBがAに変換される。

⑥ 化学かいろであたためる。エネルギーはEがAに変換される。

□ ❶ A，C，Eのエネルギーをそれぞれ何というか。

A（　　　　　　）

C（　　　　　　）

E（　　　　　　）

□ ❷ エネルギーが移り変わるとき，エネルギーの総量は一定に保たれる。これを何というか。（　　　　　　）

ヒント ❽ 定滑車で物体を引き上げるときに比べて，動滑車を1つ使ったときに必要な力の大きさは$\frac{1}{2}$になり，力を加える距離は2倍になります。

Step 3 予想テスト　単元3 運動とエネルギー

30分　／100点　目標 70点

❶ 同じ大きさのドライアイスと積み木を，それぞれ水平面ですべらせた。そのときの運動のようすをストロボ装置を使って0.1秒ごとに撮影すると，ドライアイスは図1，積み木は図2のようになった。次の問いに答えなさい。 思

□ ❶ 図1，図2について，時間を横軸に，速さを縦軸にとってグラフをかくと，どのようなグラフになるか。右の㋐～㋒からそれぞれ選び，記号で答えなさい。

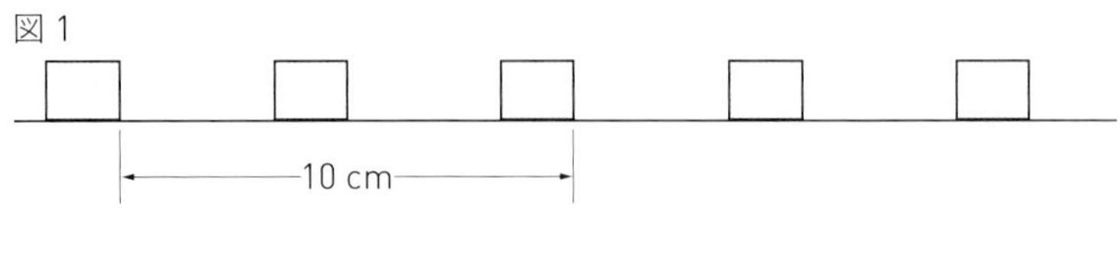

図2

□ ❷ 図1のような運動を何というか。

□ ❸ 図1の物体の速さは何cm/sか。

□ ❹ 図2の運動のように，平面上を物体が動くとき，接触面から物体の運動をさまたげる方向にはたらく力を何というか。

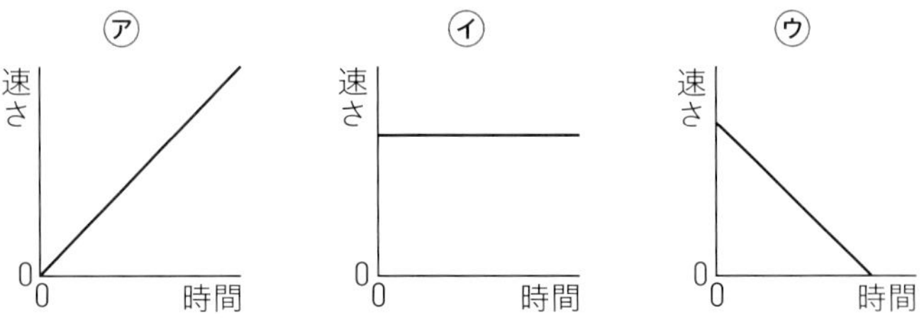

❷ 図は，斜面上に置かれた物体にはたらく力を表したものである。次の問いに答えなさい。 思

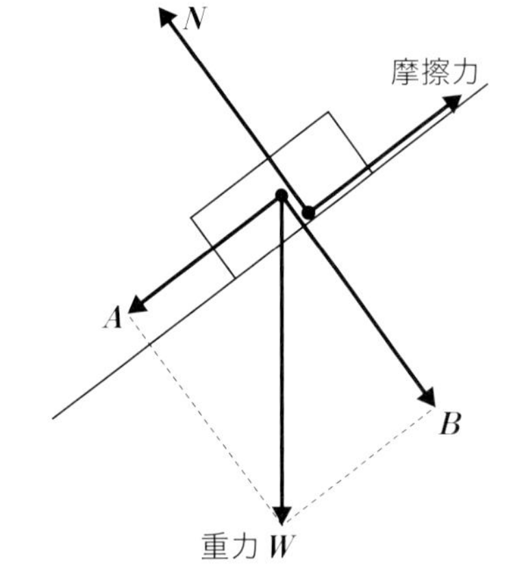

□ ❶ 力Nは何の力を表しているか。

□ ❷ 次の文の（　　）に当てはまる言葉や図中の記号を書きなさい。

力Aと力Bは，重力Wの（ ① ）になっている。力Nとつり合っている力は，図中の力（ ② ）である。斜面上に置かれた物体が静止しているとき，摩擦力とつり合っている力は，図中の力（ ③ ）である。

□ ❸ 斜面の傾きを大きくしていったときの説明として正しいものはどれか。㋐～㋔から選び，記号で答えなさい。

㋐ 力Aと力Bの大きさは変化しない。
㋑ 力Aは大きくなるが，力Bは小さくなる。
㋒ 力Aは小さくなるが，力Bは大きくなる。
㋓ 力Aも力Bも大きくなる。
㋔ 力Aも力Bも小さくなる。

❸ 次の実験について，後の問いに答えなさい。ただし，点Bと点Eは同じ高さにあり，空気抵抗や摩擦は考えないものとする。 思

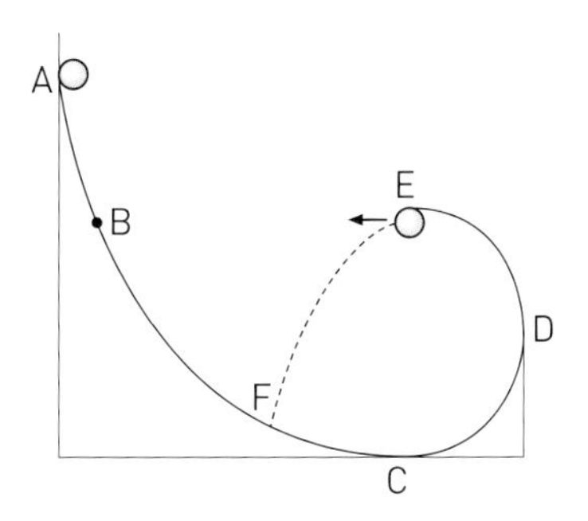

実験 図のようになめらかな連続した曲面ABCDEをつくり，曲面の最高点Aで小球を静かにはなしたところ，小球は，点B，点C，点Dを経て，点Eから図の左向きに飛び出し，BC間の点Fに落下した。

□ ❶ ①，②のようになるのはどの点か。A～Eから選び，記号で答えなさい。
① 位置エネルギーが最大になる。
② 運動エネルギーが最大になる。

□ ❷ 運動エネルギーが同じ大きさになるのは，A～Eのどの点とどの点か。

❹ 次の実験について，後の問いに答えなさい。 技 思

実験 図１のように，摩擦のある床に置いた物体に向かって，質量や高さを変えて小球を転がしたところ，小球は物体をおしながらやがて物体といっしょに止まった。このとき，物体が動いた距離と小球の高さや質量の関係を調べたところ，図２のようになった。ただし，小球は空気抵抗や摩擦の影響を受けないものとする。

図１

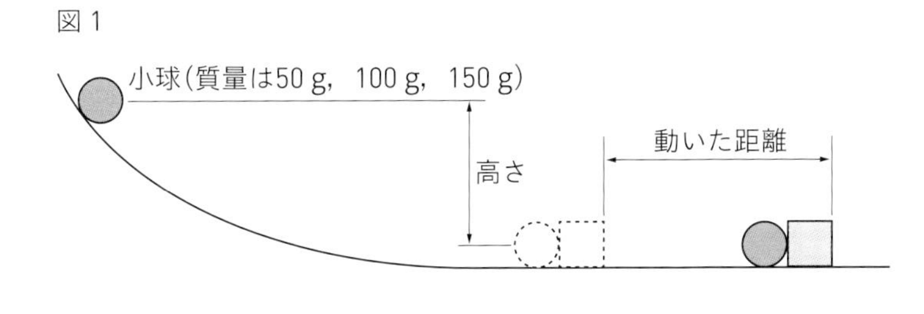

図２

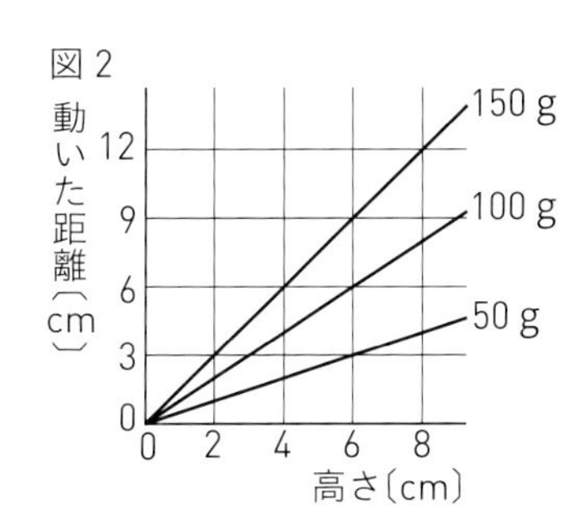

□ ❶ 小球のはじめの高さを２倍にすると，小球がもっていた位置エネルギーは何倍になるか。

□ ❷ 小球の質量を２倍にすると，小球がもっていた位置エネルギーは何倍になるか。

□ ❸ 小球の質量を200 gにして，高さ10 cmのところから小球を転がすと，物体が動いた距離は何cmになるか。

❶ 各６点	❶ 図１	図２	❷	❸	❹
❷ 各８点	❶	❷ ①	②	③	❸
❸ 各５点	❶ ①	②	❷	と	２つで５点
❹ 各５点	❶	❷	❸		

❶ ／30点 ❷ ／40点 ❸ ／15点 ❹ ／15点

［解答▶p.14-15］

Step 1 基本チェック　プロローグ 星空をながめよう

10分

赤シートを使って答えよう！

プロローグ 星空をながめよう

▶ 教 p.194-195

□ 夜空にかがやく星や月，昼間の明るさの源である太陽などを ［天体］ という。

□ 自ら光や熱を出してかがやいている天体を ［恒星（こうせい）］ という。

□ 月の表面にある，円形でくぼんだ地形を ［クレーター］ という。

❶ 太陽

▶ 教 p.196-199

□ 太陽（たいよう）の表面には ［黒点（こくてん）］ とよばれる黒い斑点（はんてん）がある。

□ 天体望遠鏡で太陽を観察するときは，［ファインダー］ はとり外すか，ふたをし，望遠鏡を太陽に向け，［太陽投影板（とうえいばん）］ にうつる太陽の像を見る。

□ 太陽の表面のようすを観察すると，黒点が太陽の表面で位置を変えていくが，これは太陽が ［自転（じてん）］ しているためである。

□ 中央部にあるときは円形に見える黒点が，周辺部ではだ円形に見えることから，太陽が ［球形］ をしていることがわかる。

□ 黒点は，まわりよりも温度が ［低い］。

□ 太陽の活動が活発になると，黒点の数は ［増加］ する。

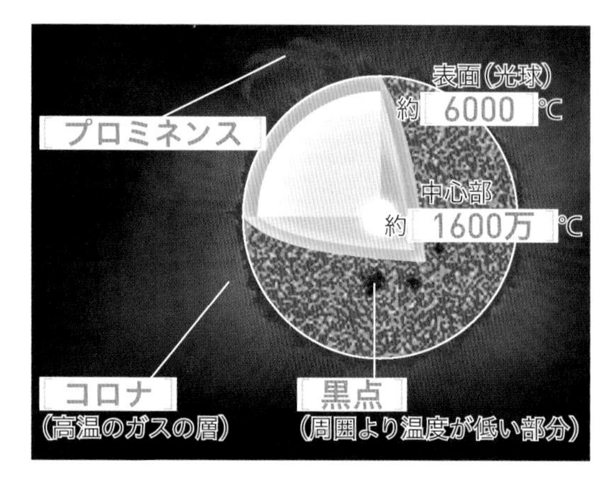

□ 太陽の表面のようすと内部構造

天体が，その中心を通る線を軸（じく）にして，自分自身が回転することを自転というよ。

黒点が黒く見える理由，黒点が移動する理由，黒点の形が変化する理由はよく出題されるので，しっかり理解しておこう。

Step 2 予想問題 プロローグ 星空をながめよう

10分
(1ページ10分)

【太陽の観察】

❶ 図1のように，天体望遠鏡に太陽投影板と遮光板をとり付け，日を変えて太陽の表面を観察し，記録用紙に黒い斑点の位置や形をスケッチした。図2は，このときのスケッチである。次の問いに答えなさい。

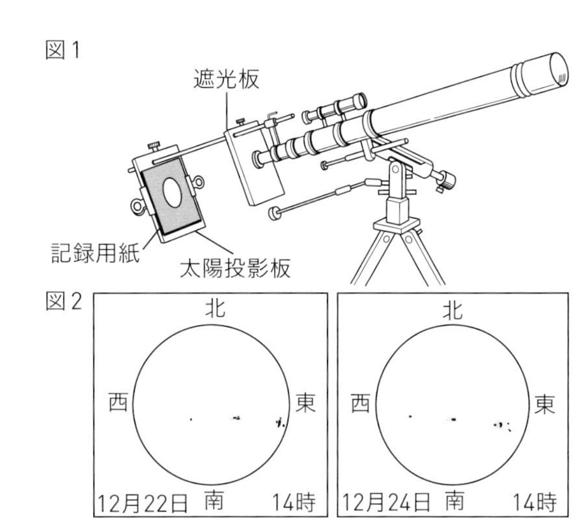

□ ❶ 太陽の表面に見られる黒い斑点を何というか。（　　　）

□ ❷ ❶が黒く見える理由を，温度に注目して答えなさい。

（　　　）

□ ❸ 時間がたつと，黒い斑点は，東・西・南・北のどの方位に移動したか。（　　　）

□ ❹ 黒い斑点がしだいに位置を変えていくのはなぜか。

（　　　）

□ ❺ 黒い斑点は，中央部にあったときは円形に見えたが，周辺部ではだ円形に見えた。このようになるのは，太陽がどのような形をしているためか。（　　　）

【太陽の表面のようす】

❷ 図は，太陽の表面のようすを表したものである。次の問いに答えなさい。

□ ❶ 太陽の表面の温度と黒点のおよその温度を答えなさい。

表面の温度（　　　）

黒点の温度（　　　）

□ ❷ Aは，太陽をとり巻く高温のガスの層である。これを何というか。

（　　　）

□ ❸ Bは，太陽の表面に観察される，赤い炎のようにふき出したものである。これを何というか。（　　　）

□ ❹ 太陽では，全ての物質は固体・液体・気体のどのような状態になっているか。

（　　　）

ヒント ❶❸図2を見て，移動する方位を確かめましょう。

[解答▶p.15]

Step 1 基本チェック

第1章 地球の運動と天体の動き(1)

赤シートを使って答えよう！

❶ 太陽の1日の動き

▶ 教 p.202-205

- □ 天体の位置や動きを表すための見かけ上の球体の天井を [天球] という。
- □ 天球面上で観測者の真上の点を [天頂]，その点と南北を結ぶ線を [子午線] という。
- □ 天体の位置は，方位角と [高度] で表す。
- □ 地球は，北極と南極を結ぶ軸である [地軸] を中心として，1日1回 [自転] している。
- □ 天体が天頂より南側で子午線を通過することを [南中]，そのときの天体の高度を [南中高度] という。
- □ 地球の自転による太陽の1日の見かけの動きを太陽の [日周運動] という。

❷ 地球の自転と方位，時刻

▶ 教 p.206-207

- □ 日本から見た北は，常に [北極点] の方向である。
- □ 地球は，北極側から見て [反時計] 回りに自転している。

❸ 星の1日の動き

▶ 教 p.208-211

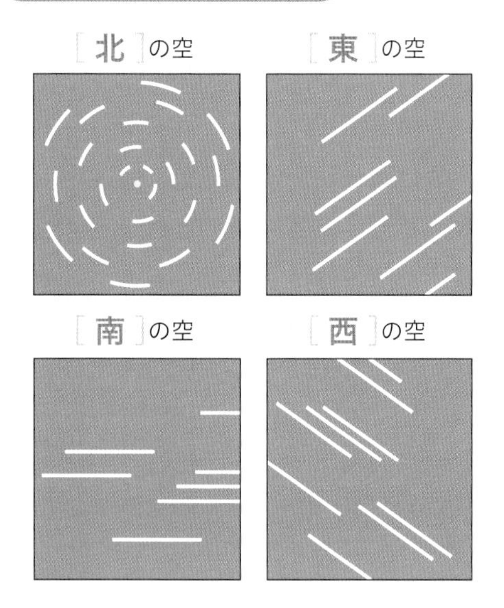

□ 星の1日の動き

[太陽]の動き
[星]の動き
[北極星]
地軸
西
観測者
地球
南
北
東
[地平線]の下で見えない

□ 星と太陽の日周運動

天球の使い方や，天球上の星や太陽の動きはよく出題されるので，しっかり理解しておこう。

Step 2 予想問題　第1章 地球の運動と天体の動き(1)

【太陽の動きの観測】

❶ 日本のある場所で，図のように，太陽の1日の動きを透明半球上に記録し，なめらかな曲線で結んだ。次の問いに答えなさい。

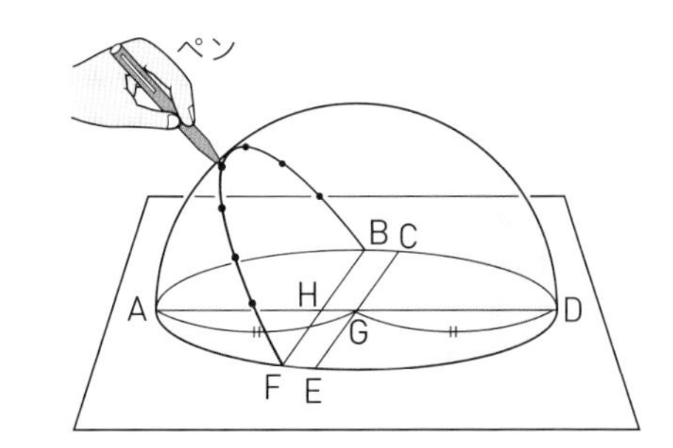

□ ❶ 北を表しているものを，A～Fから選び，記号で答えなさい。（　　）

□ ❷ 太陽の位置を記録するとき，ペンの先のかげがどこにくるように記録すればよいか。A～Hから選び，記号で答えなさい。（　　）

□ ❸ 1時間ごとに記録した印の間隔は，どのようになっているか。㋐～㋒から1つ選び，記号で答えなさい。（　　）

㋐ 1日中，等間隔になっている。

㋑ 朝と夕方は間隔が広く，昼ごろに最もせまくなった。

㋒ 朝と夕方は間隔がせまく，昼ごろに最も広くなった。

□ ❹ 地球上で太陽を観察すると，東から西へ動いているように見える。このような見かけの動きを何というか。（　　）

□ ❺ ❹の動きの原因は何か。（　　）

【夜空の星】

❷ 図は，カシオペヤ座をつくる星と地球の位置関係を示したものである。次の問いに答えなさい。

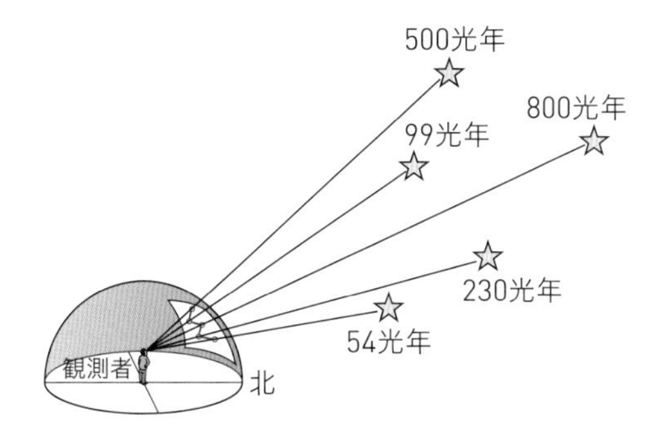

□ ❶ カシオペヤ座をつくる星は，自ら光りかがやいている。このような天体を何というか。（　　）

□ ❷ 星までの距離を表すのに，光年という単位を使う。1光年とは，どのような距離か。（　　）

□ ❸ さまざまな距離にある星も，大きな球形の天井にはりついているように見える。この見かけ上の球形の天井を何というか。（　　）

ヒント ❶太陽は，北半球では，東からのぼり，南の空の高いところを通り，西にしずみます。

【 星の1日の動き 】

❸ 図は，日本のある場所で東・西・南・北の空の星の動きを写真にとり，記録したものである。次の問いに答えなさい。

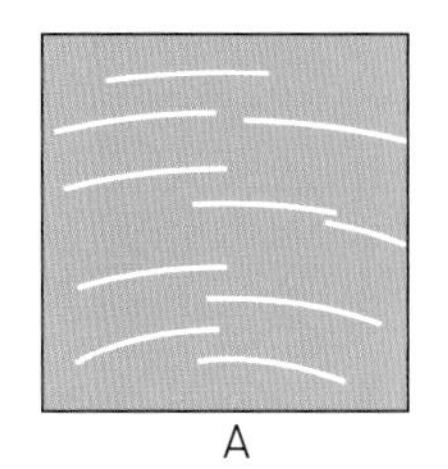

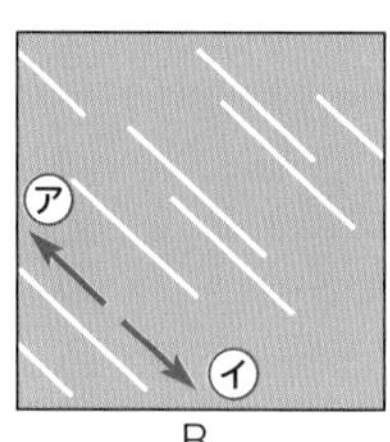

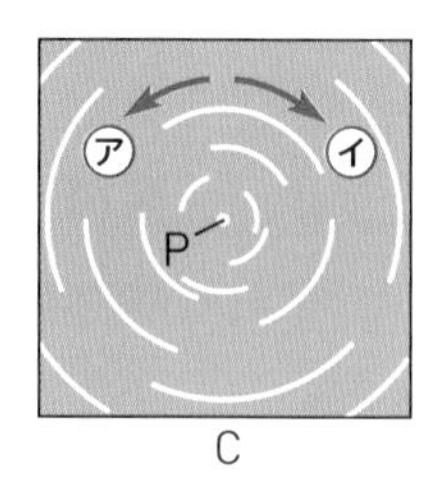

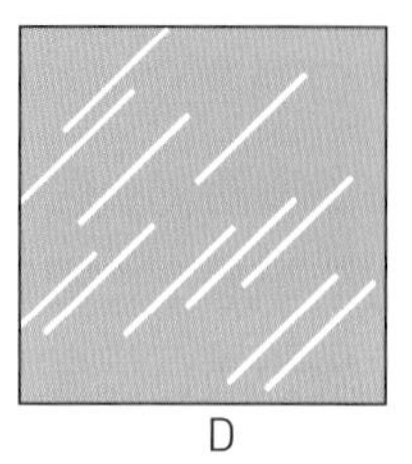

□ ❶ A～Dは，それぞれどの方位の空の星の動きか。東・西・南・北で答えなさい。

A　　B　　C　　D

□ ❷ BとCの図で，それぞれ星は㋐・㋑のうちどちらの方に動いたか。

B　　C

□ ❸ Cの図の星Pを何というか。

□ ❹ 星Pは，ほとんど動かないように見える。この理由を，㋐～㋒から1つ選び，記号で答えなさい。

㋐ 星Pが，地球の回転する向きと同じ向きに動いているから。

㋑ 星Pが，地球から非常に遠くはなれたところにあるから。

㋒ 星Pが，地球の地軸（ちじく）を延長したところにあるから。

□ ❺ 星は，1日に1回地球のまわりを回っているように見える。このような星の見かけの動きを何というか。

【 星の1日の動き 】

❹ 図は，ある夜の北の空の星座を時間を変えて2回観察し，その動きをスケッチしたものである。次の問いに答えなさい。

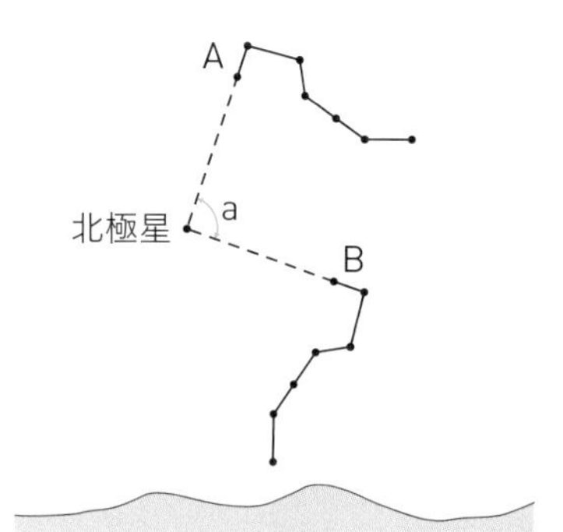

□ ❶ A，Bのうち，はじめに観察したのはどちらか。

□ ❷ aの角度は90°であった。このことから，AとBを観測した時間の間隔（かんかく）は何時間か。

□ ❸ このような星の動きの原因となっている地球の動きを何というか。

□ ❹ ❸の地球の動きは，東・西・南・北のうち，どの方位からどの方位の動きか。

から

ミスに注意 ❸❹星の動きは，地球の自転（じてん）によって起こる見かけの動きです。

Step 1 基本チェック　第1章 地球の運動と天体の動き(2)

赤シートを使って答えよう！

④ 天体の1年の動き

▶ 教 p.212-217

□ 天体が，ほかの天体のまわりを回転することを［公転］という。

□ 地球上では，太陽の［反対］側が真夜中になるので，地球の［公転］にともなって，真夜中に見える星空の方向が変わる。

□ 同じ時刻に見える星座の位置は，1日に約［1］°ずつ［東］から［西］へ動いていく。これは，地球が太陽のまわりを1年かけて1周，公転していることによる見かけの動きで，［年周運動］という。

□ 太陽は，星座の間を［西］から［東］へ移動しているように見え，1年後には再び同じ場所にもどってくる。このときの天球上の太陽の通り道を［黄道］という。

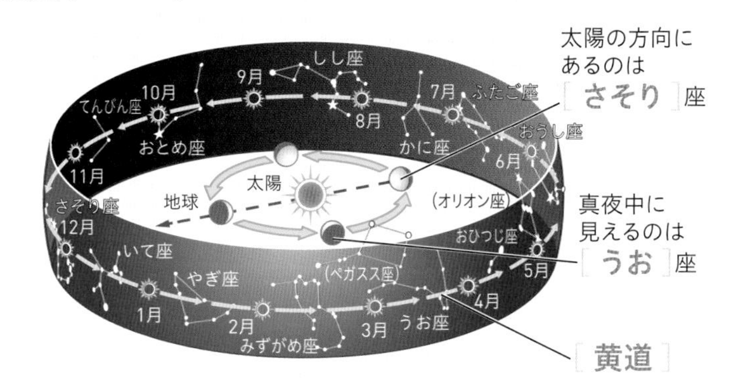

□ 地球の公転と星座の位置の移り変わり

⑤ 地軸の傾きと季節の変化

▶ 教 p.218-222

□ 北半球では，夏至のころは太陽の南中高度が［高く］，冬至のころは太陽の南中高度が［低い］。

□ 北半球では，日の出と日の入りの位置は，夏至のころにはどちらも［北］寄りになり，冬至のころにはどちらも南寄りになる。

□ 日本列島付近では，夏至の日には昼の長さが最も［長く］，冬至の日には最も［短く］なる。また，春分・秋分の日には昼と夜の長さがほぼ同じになる。

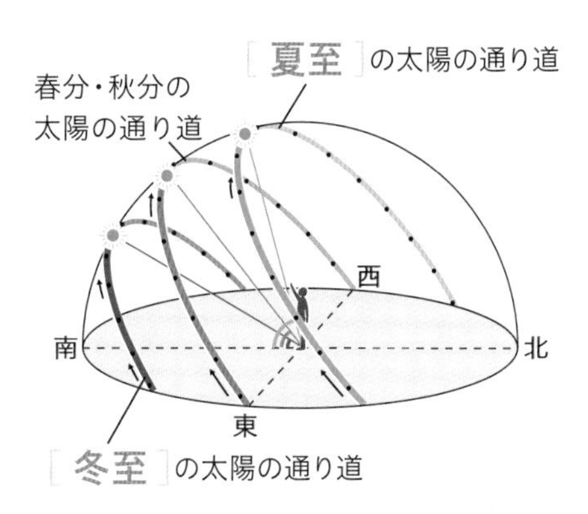

□ 季節による太陽の動きのちがい

星座の見える時刻と方位はよく出題されるので，しっかり理解しておこう。

Step 2 予想問題　第1章 地球の運動と天体の動き(2)

【季節による星座の移り変わり】

❶ 図は，太陽(たいよう)のまわりを回る地球の季節ごとの位置と，4つの星座を示したものである。次の問いに答えなさい。

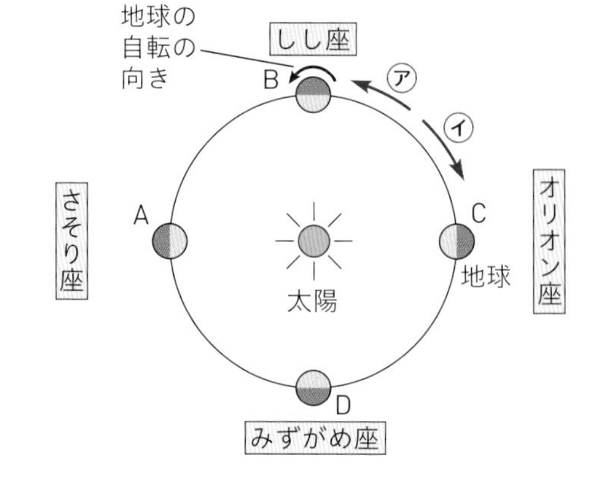

□ ❶ 地球が，太陽のまわりを1年に1回転することを何というか。（　　　）

□ ❷ ❶の向きは，㋐・㋑のうちどちらか。（　　　）

□ ❸ Aの位置に地球があるとき，真夜中に南の空に見える星座は何か。（　　　）

□ ❹ 日の入りのころ，南の空にオリオン座が見られるのは，地球がA～Dのどの位置にあるときか。（　　　）

【星座の年間の動き】

❷ 図は，ある星座を同じ場所から午後8時に観察し，1か月ごとの位置の変化を表したものである。次の問いに答えなさい。

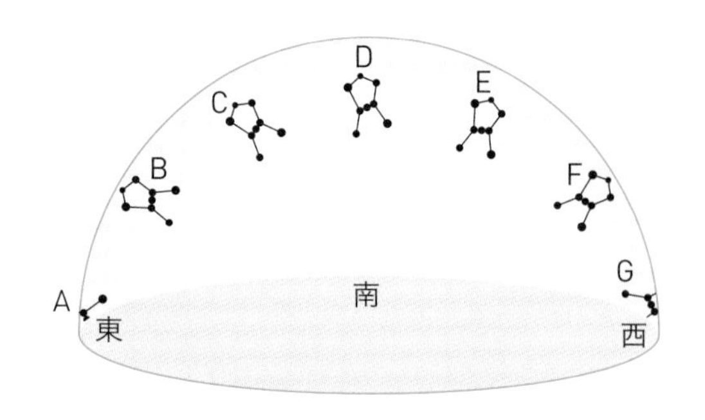

□ ❶ この星座は，2月の午後8時にDの位置に見えた。12月と3月の午後8時には，それぞれどの位置に見えるか。A～Gから選び，記号で答えなさい。

12月（　　　）　3月（　　　）

□ ❷ 同じ時刻に見える星座の位置はどのように変化するか。㋐～㋓から1つ選び，記号で答えなさい。（　　　）

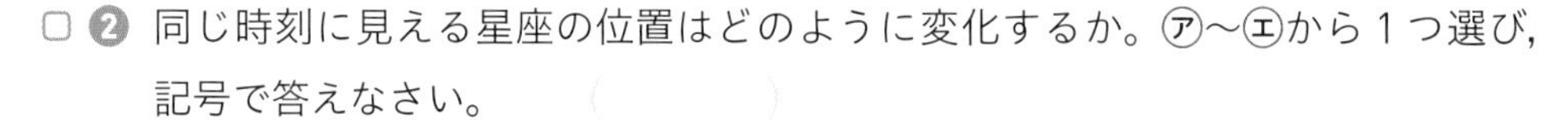

㋐ 1日に約1°ずつ，西から東へ動く。

㋑ 1日に約1°ずつ，東から西へ動く。

㋒ 1日に約15°ずつ，東から西へ動く。

㋓ 1日に約15°ずつ，西から東へ動く。

□ ❸ 星座の見える位置がこのように変化する原因は何か。（　　　）

ヒント ❶❸地球から見て太陽のある向きと反対側が真夜中になっています。

【 季節の変化 】

❸ 図は，日本における冬至（とうじ）・夏至（げし）・春分（しゅんぶん）・秋分（しゅうぶん）の日の太陽の通り道を示したものである。次の問いに答えなさい。

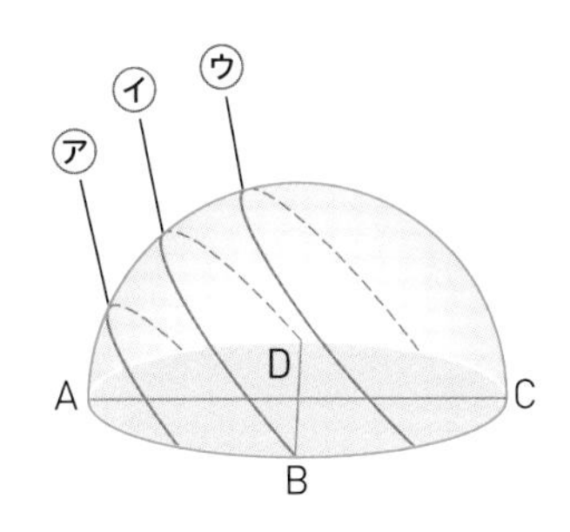

□ ❶ 北の方位を表しているものを，A～Dから選び，記号で答えなさい。（　　　）

□ ❷ 太陽の南中高度（なんちゅうこうど）が，1年で最も高くなる日を何というか。また，その日の太陽の通り道を，㋐～㋒から選び，記号で答えなさい。
名称（　　　　　）　記号（　　　）

□ ❸ 昼と夜の長さが同じになる日の太陽の通り道を，㋐～㋒から選び，記号で答えなさい。（　　　）

□ ❹ 日の入りの時刻が最も早いものを，㋐～㋒から選び，記号で答えなさい。（　　　）

□ ❺ 地表が最もあたたまりやすいときの太陽の通り道を，㋐～㋒から選び，記号で答えなさい。（　　　）

【 季節の変化 】

❹ 図は，太陽のまわりを回る地球の位置を，3か月ごとに示したものである。次の問いに答えなさい。

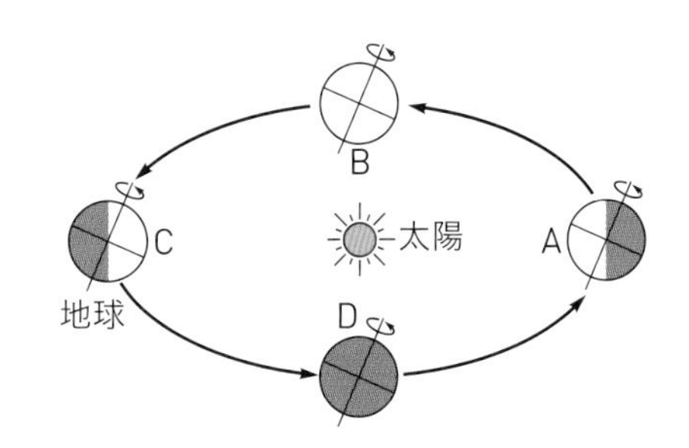

□ ❶ 日本が春分となるときの地球の位置を示したものを，A～Dから選び，記号で答えなさい。（　　　）

□ ❷ 日本で，太陽が真南にきたときの高度が最も低くなる日の地球の位置を示したものを，A～Dから選び，記号で答えなさい。（　　　）

□ ❸ 南半球のシドニーで，昼の長さが最も長くなる日の地球の位置を示したものを，A～Dから選び，記号で答えなさい。（　　　）

□ ❹ 次の文の（　　）に当てはまる言葉を書きなさい。

> 日本で季節の変化が生じるのは，地球が（①　　　　　）を（②　　　　　）まま太陽のまわりを回っているからである。北半球では，同じ面積で受ける太陽の光の量が最大になるのは，（③　　　　　）のころである。

ヒント ❹❸南半球では，太陽は北寄りの空を通り，北半球とは季節の変化が逆になります。

Step 1 基本チェック　第2章 月と金星の見え方

10分

赤シートを使って答えよう！

❶ 月の満ち欠け

▶ 教 p.224-227

- ☐ 月は自ら光を出さず，太陽の光を［反射］して光っている。
- ☐ 月は，［約1か月］かけて地球のまわりを［公転］しているため，地球から見ると，月の見え方が変わっていく。
- ☐ 地球のような惑星のまわりを公転する天体のことを［衛星］という。

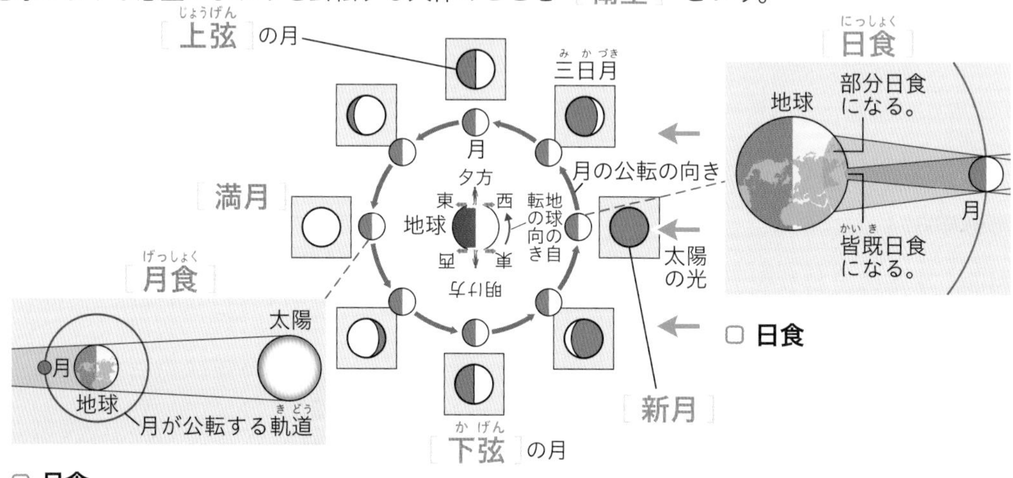

☐ 日食

☐ 月食

☐ 月の満ち欠け

❷ 日食と月食

▶ 教 p.228-229

- ☐ 地球から見ると月によって太陽がかくされる現象を［日食］という。
- ☐ 月が地球のかげに入る現象を［月食］という。

❸ 金星の見え方

▶ 教 p.230-234

- ☐ 恒星のまわりを回っている，ある程度の質量と大きさをもった天体を［惑星］という。
- ☐ 地球よりも［内側］を公転する金星は，地球から見ると常に［太陽］に近い方向に見えるので，朝夕の限られた時間にしか観察できない。
- ☐ 金星が地球に近いときは［大きく］見えて欠け方が［大きく］，遠いときは［小さく］見えて欠け方が［小さい］。
- ☐ 地球よりも内側を公転する惑星を［内惑星］，外側を公転する惑星を［外惑星］という。

テストに出る　月の形を考える問題はよく出題されるので，しっかり理解しておこう。

Step 2 予想問題

第２章 月と金星の見え方

20分
（1ページ10分）

【月の満ち欠け】

❶ 図１は月の見え方を表したもので，図２は月と地球との位置関係を示したものである。次の問いに答えなさい。

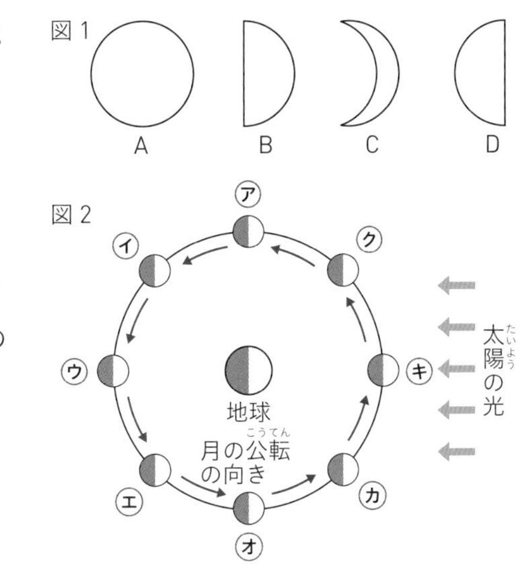

□ ❶ 図１のＡ～Ｄを，新月から変化していく順に並べなさい。

（　　　→　　　→　　　→　　　）

□ ❷ 図１のＡ～Ｄの月は，それぞれ図２の㋐～㋗のどの位置にあるときに観察されるか。

Ａ（　　　）　Ｂ（　　　）

Ｃ（　　　）　Ｄ（　　　）

□ ❸ 月が図２の㋐～㋗のどの位置にきたときに新月になるか。（　　　）

【日食・月食】

❷ 図は太陽と月，地球の位置関係を示したものである。次の問いに答えなさい。

□ ❶ 月は，地球のまわりを，ａ，ｂどちらの向きに公転しているか。（　　　）

□ ❷ 日食と月食が起こるのは，それぞれ月がＡ～Ｄのどの位置にあるときか。

日食（　　　）　月食（　　　）

□ ❸ 日食と月食について正しいものを，㋐～㋒から選び，記号で答えなさい。（　　　）

㋐ 天球上の太陽と月の通り道が一致していないため，地球上では年に２回程度しか日食を見ることができない。

㋑ 地球上の全ての地域で日食を観察できる。

㋒ 月食と月の満ち欠けは同じ理由で起こる。

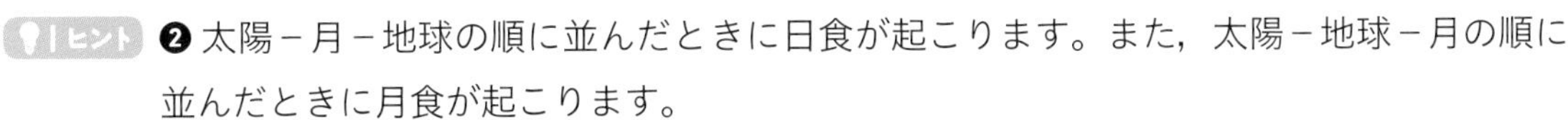

ヒント ❷ 太陽－月－地球の順に並んだときに日食が起こります。また，太陽－地球－月の順に並んだときに月食が起こります。

【 金星の見え方 】

❸ 図１は，太陽・金星・地球の位置関係を模式的に示したものである。次の問いに答えなさい。

図１

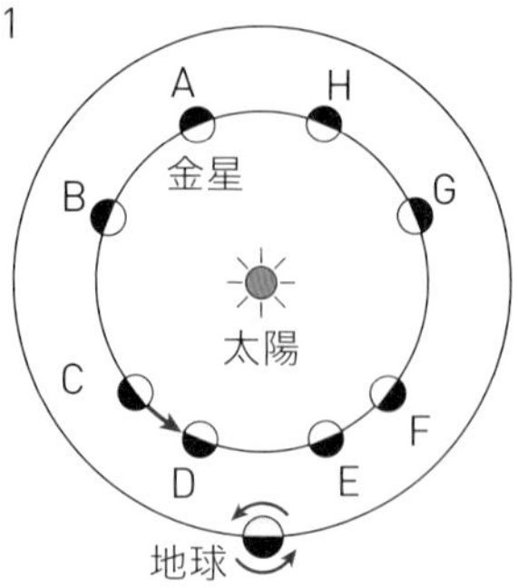

□ ❶ Ｂの位置にある金星は，地球から見ると，いつごろ，どこに見えるか。㋐〜㋓から１つ選び，記号で答えなさい。（　　　）

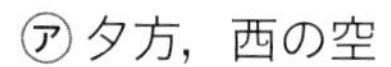

㋐ 夕方，西の空

㋑ 夕方，東の空

㋒ 明け方，西の空

㋓ 明け方，東の空

□ ❷ Ｆの位置にある金星を地球から見るとどのように見えるか。図２のａ〜ｅから１つ選び，記号で答えなさい。（　　　）

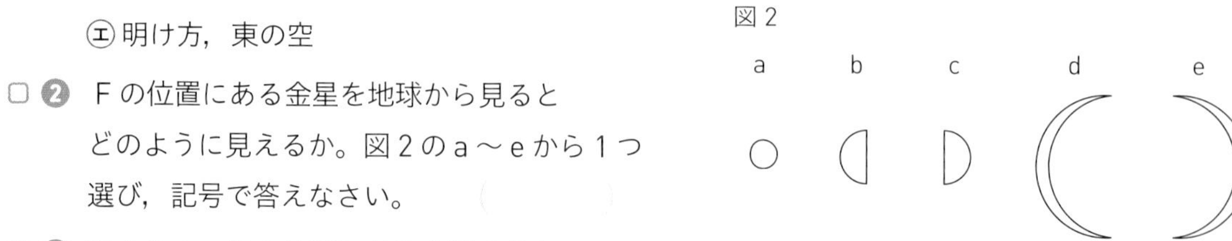

図２

□ ❸ 図１のＡ〜Ｄの位置にある金星のうち，地球から見ると，最も大きく見えるのは，どの位置にあるときか。Ａ〜Ｄから１つ選び，記号で答えなさい。また，そのときの形を図２のａ〜ｅから１つ選び，記号で答えなさい。　位置（　　　）　形（　　　）

□ ❹ 金星を真夜中に見ることはできるか。（　　　）

□ ❺ 天体は，地球の自転や公転によって，東から西へ動いて見える。金星の場合は，これらの天体とちがい，星座の間を動き回るように見える。このような星を何というか。（　　　）

□ ❻ 金星が太陽から最もはなれて見えるものを，図１のＡ〜Ｈから２つ選び，記号で答えなさい。（　　　）

□ ❼ 金星は，地球よりも内側を公転している。このような星を何というか。（　　　）

□ ❽ 金星と同じように，地球よりも内側を公転している星を書きなさい。（　　　）

□ ❾ 地球よりも外側を公転している星を何というか。（　　　）

ヒント ❸ 金星は，地球よりも内側を公転するので，地球から見ると，いつも太陽の近くに見えます。

Step 1 基本チェック 第3章 宇宙の広がり

10分

赤シートを使って答えよう！

❶ 太陽系の天体 ▶ 教 p.236-239

- □ 太陽(たいよう)と，その周辺を回っている地球をふくむ［8］つの［惑星(わくせい)］やその他の天体をふくむ空間を［太陽系(たいようけい)］という。
- □ 太陽系の8つの惑星(わくせい)は，ほぼ同じ平面上で，［同じ］向きに太陽のまわりを公転(こうてん)している。
- □ 水星，［金星］，地球，火星は［地球型惑星(ちきゅうがたわくせい)］とよばれ，小型で密度が［大きい］。
- □ 木星，［土星］，天王星(てんのうせい)，海王星(かいおうせい)は［木星型惑星(もくせいがたわくせい)］とよばれ，大型で密度が［小さい］。
- □ ［金星］は，地球のすぐ内側を公転する惑星で，二酸化炭素の厚い大気でおおわれている。
- □ ［木星］は太陽系最大の惑星である。
- □ 月のように，惑星のまわりを公転する天体を［衛星(えいせい)］という。
- □ 主に火星と木星の間で，太陽のまわりを公転する天体を［小惑星(しょうわくせい)］という。
- □ 海王星より外側を公転する，めい王星などの天体を［太陽系外縁天体(たいようけいがいえんてんたい)］という。
- □ 太陽に接近する際，長い尾を見せることのある天体を［すい星(せい)］という。

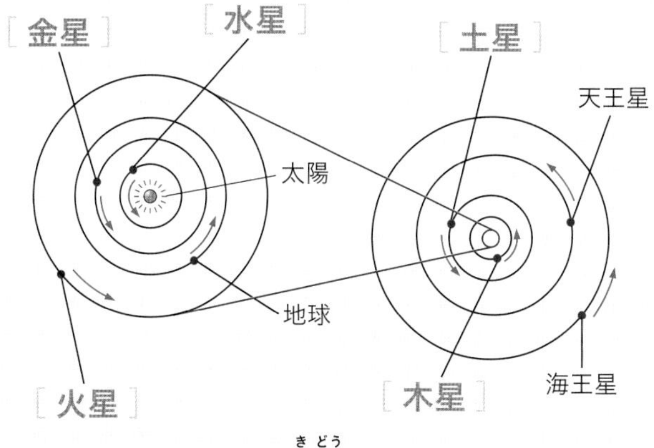

□ 太陽系の主な天体の軌道(きどう)

❷ 宇宙の広がり ▶ 教 p.240-242

- □ 数億～数千億個の恒星(こうせい)の集まりを［銀河(ぎんが)］という。
- □ 太陽系をふくむ銀河のことを［銀河系(ぎんがけい)］という。

テストに出る　太陽系については，表のほか，軌道を図で表したものがよく出題されます。

単元4

Step 2 予想問題 第3章 宇宙の広がり

【さまざまな惑星(わくせい)】

❶ 表は，太陽(たいよう)のまわりを公転(こうてん)する惑星の特徴(とくちょう)を示したものである。次の問いに答えなさい。

天体名	直径(地球＝1)	質量(地球＝1)	密度〔g/cm³〕	太陽からの距離(きょり)(太陽地球間＝1)	公転の周期〔年〕
水星	0.38	0.06	5.43	0.39	0.24
金星	0.95	0.82	5.24	0.72	0.62
地球	1.00	1.00	5.51	1.00	a
火星	0.53	0.11	3.93	1.52	1.88
木星	11.21	317.83	1.33	5.20	11.86
土星	9.45	95.16	0.69	9.55	29.53
天王星(てんのうせい)	4.01	14.54	1.27	19.22	84.25
海王星(かいおうせい)	3.88	17.15	1.64	30.11	165.23

□ ❶ 太陽とそのまわりを公転する天体をふくむ空間を何というか。 (　　　)

□ ❷ 質量が最も大きい惑星はどれか。 (　　　)

□ ❸ 表のaに当てはまる数値を書きなさい。 (　　　)

□ ❹ 大きさや密度の値から，惑星をなかま分けした場合，地球型惑星(ちきゅうがたわくせい)に分類される惑星はどれか。全て書きなさい。 (　　　)

□ ❺ 大型で密度が小さい惑星のなかまは，何とよばれるか。 (　　　)

□ ❻ 酸素をふくむ大気でおおわれている惑星はどれか。 (　　　)

□ ❼ 表の中で，主に水素とヘリウムからできている惑星を2つ書きなさい。 (　　　)

□ ❽ 惑星の公転の周期は，太陽から遠ざかるほどどうなっているか。 (　　　)

□ ❾ 月のように，惑星のまわりを回る天体を何というか。 (　　　)

□ ❿ 主に火星と木星の間にあり，それぞれ一定の周期で太陽のまわりを公転している小さな天体を何というか。 (　　　)

□ ⓫ 太陽に接近する際，長い尾を見せることのある天体を何というか。 (　　　)

ヒント ❶❼地球の外側にある惑星は，主にガスや氷でできています。

【銀河系】

❷ 宇宙の広がりについて，次の問いに答えなさい。

□ ❶ 図は，天体望遠鏡で天体のようすを観察したもので，恒星が数億〜数千億個集まってできたものである。これを何というか。（　　　）

□ ❷ ❶のうち，地球が所属している集団を特に何というか。（　　　）

□ ❸ ❷はどのような形をしているか。次の文の（　　）に当てはまる言葉を書きなさい。
渦を巻いた凸レンズ状の（　　　）のような形をしている。

□ ❹ ❷にある，無数の恒星が集まった姿を見たもので，地球上から見ると川のように見えるものを何というか。（　　　）

【銀河系と太陽系】

❸ 銀河系の特徴について，次の問いに答えなさい。

□ ❶ 1光年とは，どのくらいの距離か。㋐〜㋓から選び，記号で答えなさい。（　　　）

㋐ 約94億6000万km　㋑ 約946億km
㋒ 約9460億km　㋓ 約9兆4600億km

□ ❷ 銀河系の直径や厚さを，㋐〜㋔からそれぞれ選び，記号で答えなさい。
直径（　　　）　厚さ（　　　）
㋐ 約4.2光年　㋑ 約430光年　㋒ 約1.5万光年
㋓ 約3万光年　㋔ 約10万光年

□ ❸ 太陽系は，銀河系の中心からどのくらいの距離にあるか。❷の㋐〜㋔から選び，記号で答えなさい。（　　　）

ヒント ❸❶光の速さは秒速約30万kmのため，30万km/s×(60×60×24×365)sで求められます。

Step 3 予想テスト　単元4 地球と宇宙

30分　/100点　目標 70点

❶ 図は，太陽の表面のようすを表したものである。次の問いに答えなさい。 思

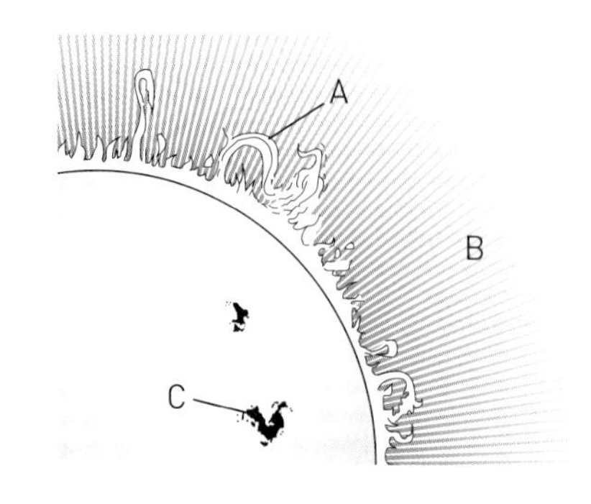

□ ❶ 太陽の表面に見られるAの部分を何というか。

□ ❷ 太陽を包むガスの層であるBを何というか。

□ ❸ 太陽の表面にあるCのような黒い斑点を何というか。

点UP □ ❹ ❸の部分が黒く見えるのはなぜか。簡単に説明しなさい。

□ ❺ 太陽のように，自ら光や熱を出す天体を何というか。

❷ 図は，日本（東経135°）が朝をむかえたとき，正午，夕方，真夜中になる場所を示したものである。次の問いに答えなさい。 思

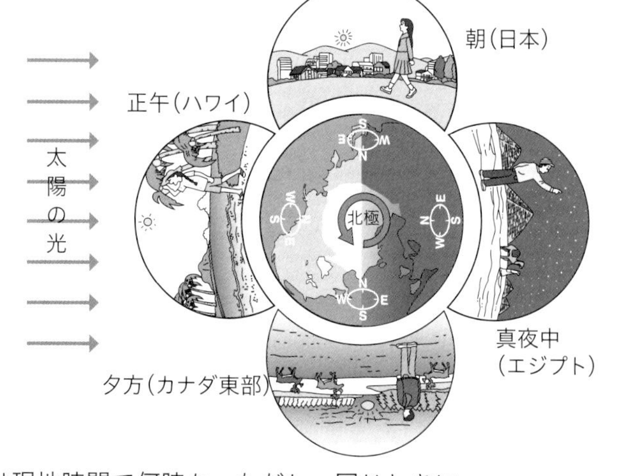

□ ❶ 日本が夕方のとき，真夜中になる場所は，図中のどこか。

□ ❷ 太陽の南中時刻が1時間ちがうと，経度は何度ちがうか。

点UP □ ❸ 午前10時に日本を飛行機で出発して，12時間後にイギリスのロンドン（経度0°）に到着した。到着は現地時間で何時か。ただし，同じときにロンドンより日本の方が時刻は進んでいるものとする。

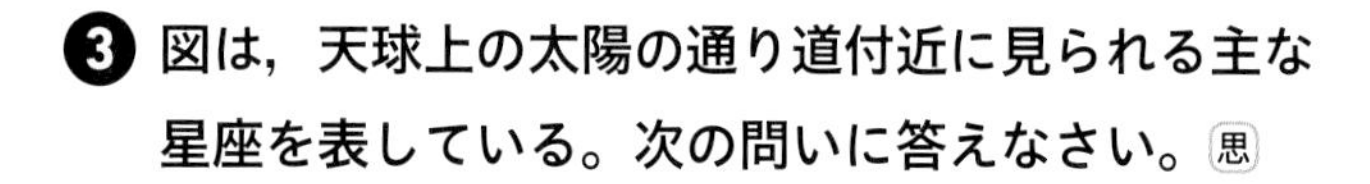

❸ 図は，天球上の太陽の通り道付近に見られる主な星座を表している。次の問いに答えなさい。 思

□ ❶ 天球上の太陽の通り道を何というか。

□ ❷ 星座の間を太陽が移動する向きは，どの方位からどの方位になるか。

□ ❸ 地球が㋓の位置にあるとき，太陽はどの星座の方向にあるか。

□ ❹ しし座が真夜中に南中するのは，地球が㋐～㋓のどの位置にあるときか。

□ ❺ 太陽が星座の間を移動して，再び同じ場所にもどってくるのにどのくらいの時間がかかるか。

❹ 図1は，太陽と地球の位置関係を示したものである。図2は，日本における冬至，夏至，春分・秋分のときの太陽の通り道を示したものである。次の問いに答えなさい。

図1

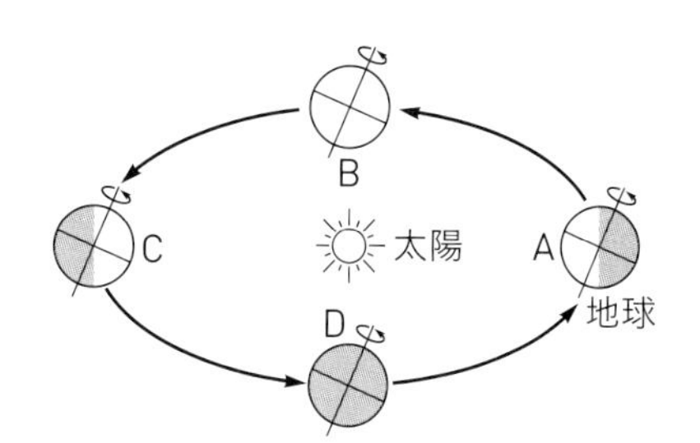

図2

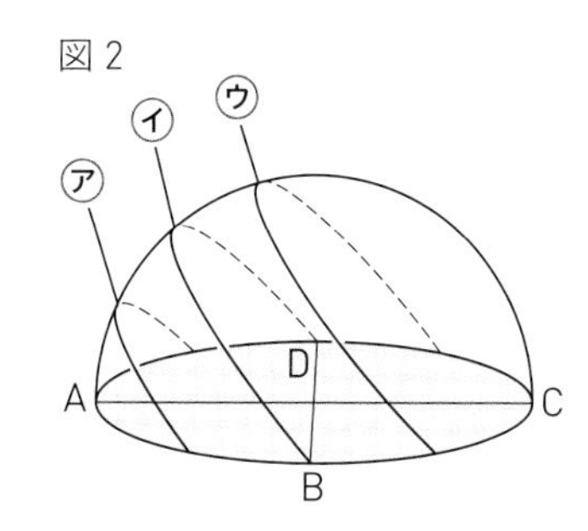

□ ❶ 日本が冬至になるのは，図1のA～Dのどの位置に地球があるときか。また，このときの太陽の通り道を図2の㋐～㋒から選び，記号で答えなさい。

□ ❷ 日本で昼の長さが最も長くなるのは，図1のA～Dのどの位置に地球があるときか。また，このときの太陽の通り道を図2の㋐～㋒から選び，記号で答えなさい。

□ ❸ 北極付近で1日中太陽がしずまないのは，図1のA～Dのどの位置に地球があるときか。

□ ❹ 季節の変化が生じる理由を簡単に説明しなさい。

❺ 次の太陽系の惑星について，後の問いに答えなさい。

㋐海王星　㋑土星　㋒火星　㋓木星　㋔金星 ㋕水星　㋖天王星

□ ❶ 地球型惑星を㋐～㋖から全て選び，記号で答えなさい。

□ ❷ 真夜中に見ることができない惑星を㋐～㋖から全て選び，記号で答えなさい。

□ ❸ ❷のような惑星を何とよぶか。

❶ 各4点	❶	❷	❸		
	❹		❺		
❷ 各6点	❶	❷	❸		
❸ 各4点	❶	❷	❸		
	❹	❺			
❹ 各6点	❶図1	図2 2つで6点	❷図1	図2 2つで6点	❸
	❹				
❺ 各6点	❶	❷	❸		

Step 1 基本チェック　第1章 自然のなかの生物

赤シートを使って答えよう！

❶ 生態系　▶ 教 p.256-259

□ ある地域に生息・生育する全ての生物と，それらをとり巻く環境（水や空気，土など）をひとつのまとまりでとらえたものを［生態系］という。

□ 生物どうしの食べる，食べられるという鎖のようにつながった一連の関係を，［食物連鎖］という。

□ 生物どうしの関係は網の目のようにからみ合っており，これを［食物網］という。

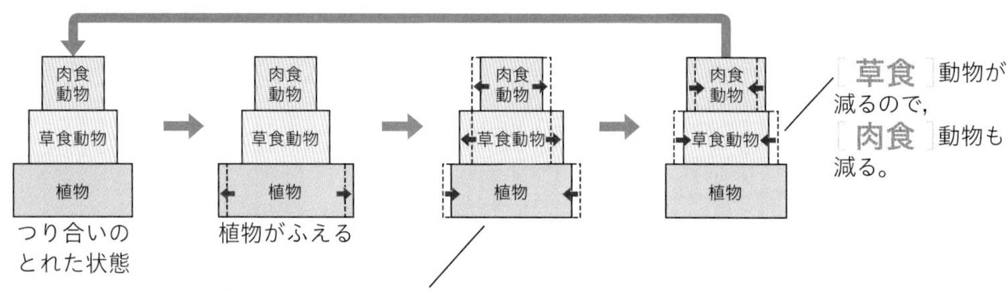

□ 生物の数量の変動の例

❷ 生態系における生物の関係　▶ 教 p.260-265

□ 光合成を行う（無機物から有機物をつくる）生物を［生産者］という。

□ ほかの生物や生物の死がいなどを食べることで有機物を得る生物を［消費者］という。

□ 生物の死がいや排出物などの有機物を食べ，無機物に分解する生物を［分解者］という。

□ 分解者としては，土壌動物と，［菌類］（カビやキノコなど）や［細菌類］（乳酸菌や大腸菌など）などの［微生物］が知られている。

❸ 炭素の循環と地球温暖化　▶ 教 p.266-268

□ 生産者の［光合成］によって，大気中や水中から二酸化炭素の形で吸収された炭素は有機物となる。

□ 消費者や分解者は生産者を食べて有機物をとり入れ，［呼吸］によって，炭素を二酸化炭素の形で大気中や水中に放出している。

生産者，消費者，分解者についてはよく出題されるので，しっかり理解しておこう。

Step 2 予想問題　第1章 自然のなかの生物

【生物の数量関係】

❶ 図は，ある地域に生活する生物の数量的な関係を示したものである。次の問いに答えなさい。

□ ❶ 生物どうしの，食べる，食べられるという鎖（くさり）のようにつながった一連の関係を何というか。（　　　　）

□ ❷ A～Cに当てはまる生物を，次の㋐～㋒から選び，記号で答えなさい。

A（　　　）　B（　　　）　C（　　　）

㋐ バッタ　㋑ モズ　㋒ イネ

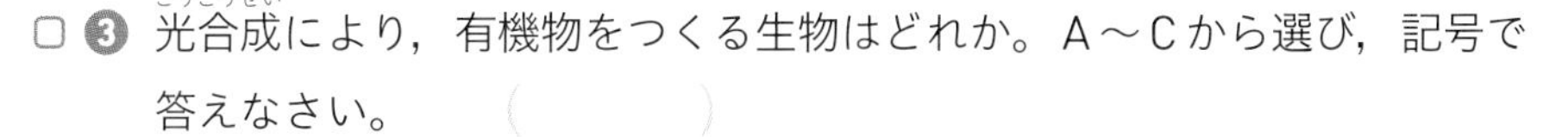

□ ❸ 光合成（こうごうせい）により，有機物をつくる生物はどれか。A～Cから選び，記号で答えなさい。（　　　）

□ ❹ 有機物をつくり出す❸の生物は，何とよばれているか。（　　　　）

□ ❺ A～Cの生物の数量関係はどうなっているか。㋐～㋒から選び，記号で答えなさい。（　　　）

㋐ A < B < C　㋑ A > B > C　㋒ A = B = C

【物質の循環（じゅんかん）】

❷ 図は，自然界における炭素の循環を模式的（もしきてき）に示したものである。次の問いに答えなさい。

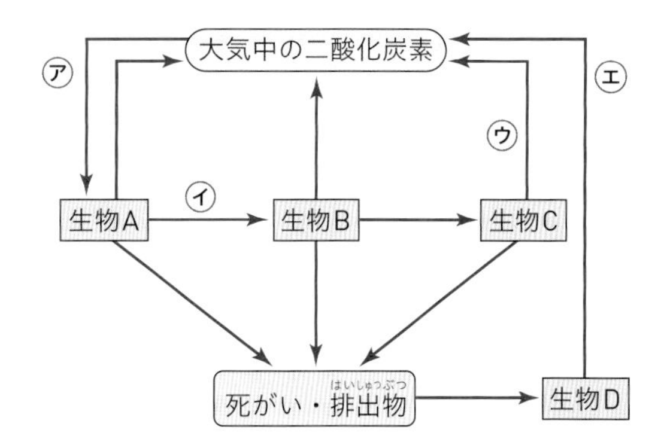

□ ❶ 有機物の形で炭素が生物の養分として移動しているものを㋐～㋓から選び，記号で答えなさい。（　　　）

□ ❷ ㋐の矢印のように大気中の二酸化炭素が生物Aへ移動しているのは，生物Aの何というはたらきによるか。（　　　　）

□ ❸ ㋒，㋓の矢印のように生物C，Dから大気中へ炭素が移動しているのは，生物C，Dの何というはたらきによるか。（　　　　）

□ ❹ 生物が生きるうえで，酸素を必要とするものは生物A～Dのどれか。全て選び，記号で答えなさい。（　　　　）

ヒント ❶ Aが肉食動物，Bが草食動物，Cが植物を表しています。

単元5

【 菌類や細菌類のはたらき 】

❸ 菌類や細菌類について，次の実験を行った。後の問いに答えなさい。

実験 まず準備として，1週間前に水槽のろ過フィルターに脱脂綿を入れておいた。2本の試験管A，Bを準備し，試験管Aにはろ過フィルターからとり出した脱脂綿を，試験管Bにはろ過フィルターに入れていない脱脂綿と水を入れた。次に，試験管A，Bに0.1％のデンプン溶液を加え，3日間放置した。その後，試験管A，Bにヨウ素液を加えた。

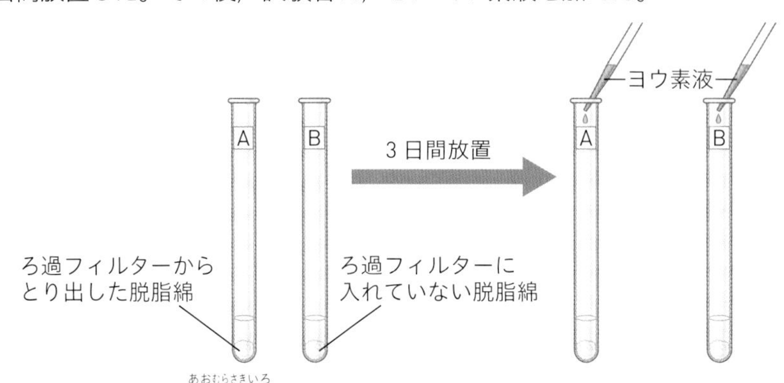

□ ❶ ヨウ素液を加えたとき，青紫色になるのは試験管A，Bのうちどちらか。（　　　）

□ ❷ どちらかの試験管でヨウ素液による反応が起こらなかったのは，デンプンがどうなったためか。（　　　）

□ ❸ デンプンを❷のようにした，主に目には見えない小さな生物の総称を何というか。（　　　）

□ ❹ ❸のような生物を，自然界の何とよんでいるか。（　　　）

□ ❺ ❸の生物のなかまを，㋐～㋓から2つ選び，記号で答えなさい。（　　　）

㋐ ミミズ　㋑ アオカビ　㋒ トビムシ　㋓ 乳酸菌

□ ❻ ❹の生物のはたらきを，㋐～㋓から1つ選び，記号で答えなさい。（　　　）

㋐ 有機物を無機物に変える。
㋑ 無機物を有機物に変える。
㋒ 有機物を別の有機物に変える。
㋓ 無機物を別の無機物に変える。

□ ❼ ❹の生物は，有機物を二酸化炭素と水に分解する過程で，必要なエネルギーをとり出している。このはたらきを何というか。（　　　）

ミスに注意　❸❶デンプンが残っていれば青紫色になり，デンプンがなければ反応しません。

 ［解答▶p.20］

Step 1 基本チェック　第2章 自然環境の調査と保全

10分

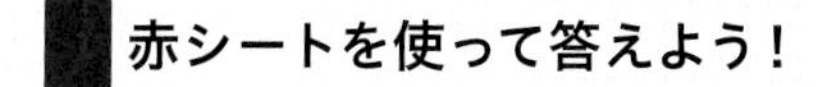
赤シートを使って答えよう！

❶ 身近な自然環境の調査

▶ 教 p.270-273

□ 人間が自然環境にかかわることで，自然環境を積極的に維持することを［保全］という。

□ 水質調査の指標になる水生生物のうち，サワガニやヘビトンボは［きれいな］水，カワニナやゲンジボタルは［ややきれいな］水，ヒメタニシやミズカマキリは［きたない］水，サカマキガイやアメリカザリガニは［とてもきたない］水を示す。

ほかにも土壌動物を採集して調べることで，その場所の自然環境の状態を判定することができるよ。

❷ 人間による活動と自然環境

▶ 教 p.274-275

□ 人間の活動によって，生物間のつり合いが変わり，生態系が変化していることが［ある］。

□ もともとその地域には生息せず，人間の活動によってほかの地域から導入され野生化し，子孫を残すようになった生物を［外来生物］という。

外来生物に対して，もともとその地域に生息していた生物を在来生物というよ。

❸ 自然環境の開発と保全

▶ 教 p.276-277

□ 人間による活動の影響で，多くの種類の生物が［絶滅］の危機にある。

生態系から人類が受けるめぐみのことを，生態系サービスともいうよ。

水生生物を採集して調べることで，水のよごれの程度を調べることができることを理解しておこう。

単元5

Step 2　予想問題　第2章 自然環境の調査と保全

10分
（1ページ10分）

【 川の水のよごれを調べる 】

❶ 表は，ある川の４つの地点で生息する水生生物を調べたときの結果をまとめたものである。次の問いに答えなさい。

サワガニ， ナガレトビケラ， ブユ，ヘビトンボ， ヒラタカゲロウ	コガタシマトビケラ， カワニナ， ヒラタドロムシ， ゲンジボタル
ヒメタニシ， シマイシビル， ミズムシ， ミズカマキリ	サカマキガイ， チョウバエ， セスジユスリカ， アメリカザリガニ

□ ❶ 表の右上の地点では，カワニナやゲンジボタルの幼虫が見られた。この地点の川の水のよごれはどのくらいか。（　　　　　）

□ ❷ 水のよごれの程度が変化すると，そこにすむ生物は変化するか，変化しないか。（　　　　　）

【 大気のよごれを調べる 】

❷ 図１のように，いろいろな場所で，昨年のびたマツの葉を採取し，顕微鏡（けんびきょう）で気孔（きこう）のようすを観察した。図２は，ある場所で採取したマツの葉の観察結果を示したものである。次の問いに答えなさい。

図１

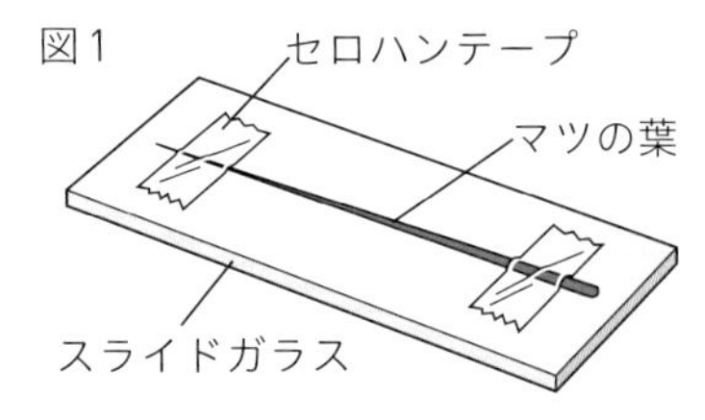

マツの葉の平らな面を上にしてはる。

図２

A

よごれている気孔　よごれていない気孔

B

□ ❶ A，Bのうち，交通量の多い道の近くにはえていたマツはどちらか。記号で答えなさい。（　　　）

□ ❷ マツの気孔のようすを調べることにより，マツのはえている場所周辺の何のよごれのようすがわかるか。（　　　　　）

気孔は，水の蒸散（じょうさん）の場所であるとともに，酸素や二酸化炭素などの気体の出入り口でもあるよ。

ヒント ❶ 水質調査の指標になる水生生物を観察することで，水がきれいか，ややきれいか，きたないか，とてもきたないかを評価することができます。

 ［解答▶p.21］

Step 1 基本チェック　第3章 科学技術と人間 終章 持続可能な社会をつくるために

赤シートを使って答えよう！

3-1 さまざまな物質とその利用

▶ 教 p.280-285

- □ 人工的につくられた有機物で，合成樹脂（じゅし）ともよばれるものを ［プラスチック］ という。
- □ プラスチックは，成形や加工がしやすい，軽い，さびない，くさりにくい，［電気］ を通しにくい，衝撃（しょうげき）に強い，［酸］，アルカリや薬品による変化が少ない，などの性質がある。
- □ プラスチックにはさまざまな種類があり，［密度（みつど）］ のちがいで見分けることができる。手ざわりやかたさ，［加熱］ したときのようすのちがいも見分けるときの手がかりになる。
- □ プラスチックは有機物で，燃やすと二酸化炭素と ［水］ ができるが，［有害］ な気体が発生することもあるので，注意が必要である。

3-2 エネルギー資源の利用

▶ 教 p.286-291

- □ 主な発電方法には，水力発電，［火力発電］，原子力発電などがある。
- □ 受けた放射線量の人体に対する影響（えいきょう）を表す単位として，［シーベルト］（記号：Sv）が使われる。
- □ ［化石燃料］ などの有限な地下資源に変わる，再生可能なエネルギーの研究が進められている。
- □ 再生可能なエネルギー資源による発電として，太陽電池に光を当てて発電する ［太陽光発電］，風で風車を回して発電する ［風力発電］，地下のマグマの熱でつくられた水蒸気を利用して発電する ［地熱発電］，作物の残りかすや家畜（かちく）のふん尿（にょう），微生物（びせいぶつ）を使って発生させたメタンなどを燃焼させて発電する ［バイオマス発電］ などがある。

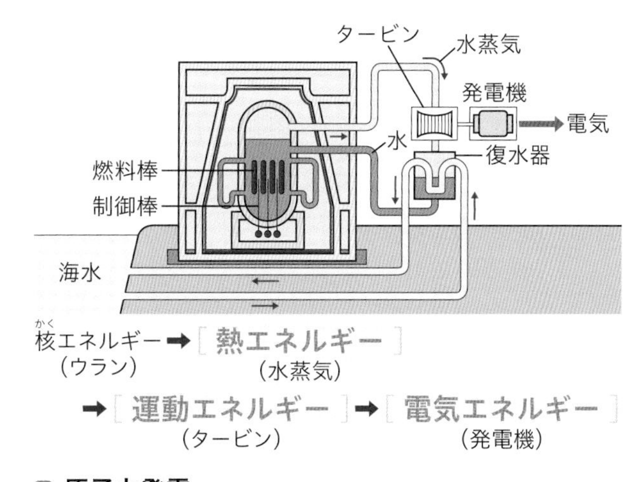

□ 原子力発電

プラスチックは，密度や加熱したときのようすなどで種類を見分けることができることを理解しておこう。

Step 2 予想問題　第3章 科学技術と人間　終章 持続可能な社会をつくるために

20分（1ページ10分）

【 プラスチックの区別 】

❶ プラスチックにはさまざまな種類があるが，加熱したときのようすにちがいが見られる。図は，異なるプラスチックを加熱したときの燃え方のちがいを示している。次の問いに答えなさい。

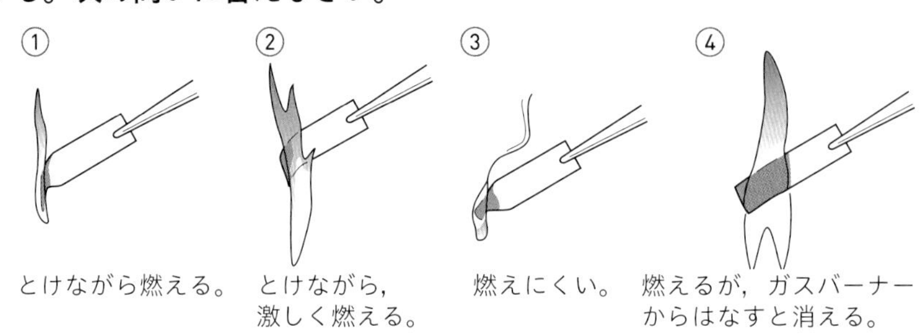

① とけながら燃える。　② とけながら，激しく燃える。　③ 燃えにくい。　④ 燃えるが，ガスバーナーからはなすと消える。

□ ❶ それぞれ，どのプラスチックを加熱したと考えられるか。それぞれ㋐～㋓から選び，記号で答えなさい。

①（　　　）　②（　　　）　③（　　　）　④（　　　）

㋐ ポリエチレンテレフタラート　㋑ ポリ塩化ビニル
㋒ ポリエチレン　㋓ ポリプロピレン

□ ❷ ペットボトルを見ると，ふたにはPP，本体のボトルにはPETとプラスチックの種類の略語が表示されていた。これは，それぞれどんなプラスチックを示しているか。それぞれ❶の㋐～㋓から選び，記号で答えなさい。

PP（　　　）　PET（　　　）

□ ❸ プラスチックについて説明した次の文章について，正しいものには○，正しくないものには×で答えなさい。

① プラスチックには軽く，さびないという性質がある。（　　　）

② 密度（みつど）が約0.95 g/cm³であるポリエチレンは，水の中に入れるとしずむ。（　　　）

③ プラスチックは燃やしても水ができるだけなので，廃棄（はいき）するときは焼却（しょうきゃく）すればよい。（　　　）

④ 現在，開発が進められている生分解性（せいぶんかいせい）プラスチックは，微生物（びせいぶつ）の力で分解される性質がある。（　　　）

ヒント ❶❸水の密度は1.0 g/cm³として考えましょう。

[解答▶p.21-22]

【 発電 】

□ **❷ 水力発電，火力発電，原子力発電のそれぞれに関係のあるものを，㋐～㋖から選び，記号で答えなさい。同じものを何度選んでもよい。**

㋐ 石油，天然ガス，石炭などの化石燃料を燃料として使う。
㋑ 発電機を回して電気エネルギーを得る。
㋒ 位置エネルギーを電気エネルギーに変換(へんかん)している。
㋓ 少量の燃料から大量のエネルギーを得ることができる。
㋔ 温室効果ガスを大量に発生させる。
㋕ 水蒸気を発生させて発電機を回す。
㋖ 放射線を出す物質が廃棄物(はいきぶつ)にふくまれる。

水力発電（　　　　　　）
火力発電（　　　　　　）
原子力発電（　　　　　）

【 再生可能なエネルギー資源 】

❸ 化石燃料は有限な地下資源であるため，化石燃料に代わる新しいエネルギー源の開発や再生可能なエネルギーの利用が推進されている。次の問いに答えなさい。

□ ❶ 太陽光発電が，安定して電気の需要(じゅよう)をまかなうことが難しい理由を，簡単に説明しなさい。（　　　　　　）

□ ❷ 風力発電で，巨大(きょだい)なプロペラを回転することによる短所について，簡単に説明しなさい。（　　　　　　）

□ ❸ 地熱発電を行ううえで制約となることは何か。
（　　　　　　）

□ ❹ 作物の残りかすや家畜(かちく)のふん尿(にょう)，間伐材(かんばつざい)などを燃焼(ねんしょう)させたり，微生物を使って発生させたアルコールやメタンを燃焼させたりして，タービンを回して発電する方法を何というか。（　　　　　　）

ヒント ❸❶太陽光発電で利用する太陽電池は，光が当たらないと発電できません。

[解答▶p.21-22]

Step 3 予想テスト　単元5 地球と私たちの未来のために

30分　/100点　目標 70点

❶ 図は，海で生息・生育する生物の食物連鎖を示したものである。次の問いに答えなさい。 思

A → B → C（小型の魚）→ D（大型の魚）

□ ❶ 図のA～Cに当てはまる生物を㋐～㋓からそれぞれ選び，記号で答えなさい。

㋐ 植物プランクトン　　㋑ 動物プランクトン

㋒ カツオなど　　㋓ イワシなど

□ ❷ A～Dの中で，生産者とよばれるものを選び，記号で答えなさい。

□ ❸ 何らかの原因で，Bの生物の数量が少なくなった。その後，AやCの数量はどのように変化すると考えられるか。㋐～㋓から選び，記号で答えなさい。

㋐

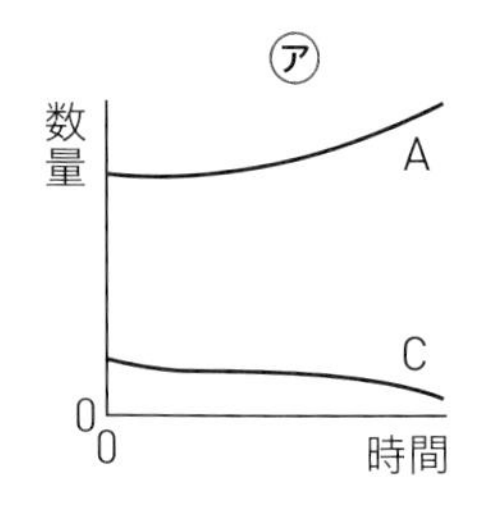

㋑

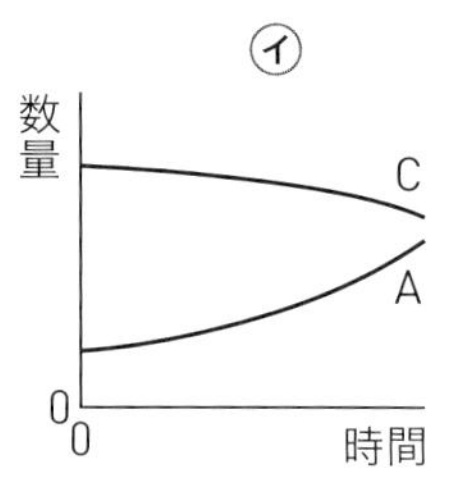

㋒

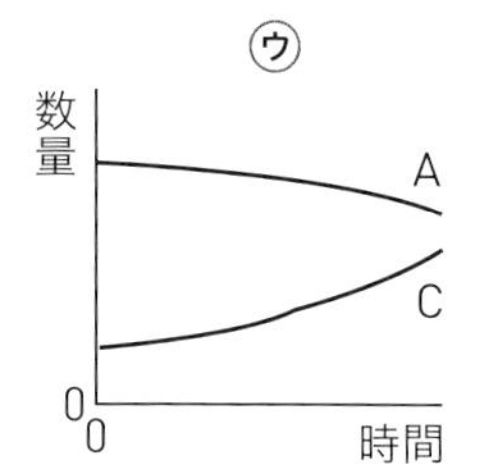

㋓

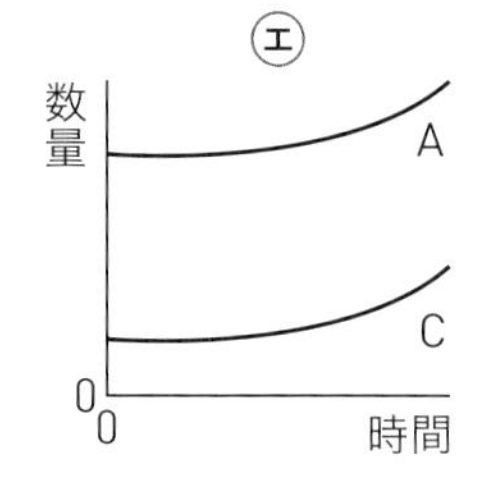

点UP

❷ 微生物のはたらきを調べるため，次の実験を行った。後の問いに答えなさい。 技

実験 落ち葉や土をビーカーに広げた布に入れ，水を加えてよくかき回してから布でこした。こした水はAのビーカーに入れ，それと同量の水をBのビーカーに入れた。A，Bのビーカーに1％デンプン溶液を加えてふたをし，3日間放置した。その後，A，Bの液を試験管にとり，ヨウ素液を加えた。

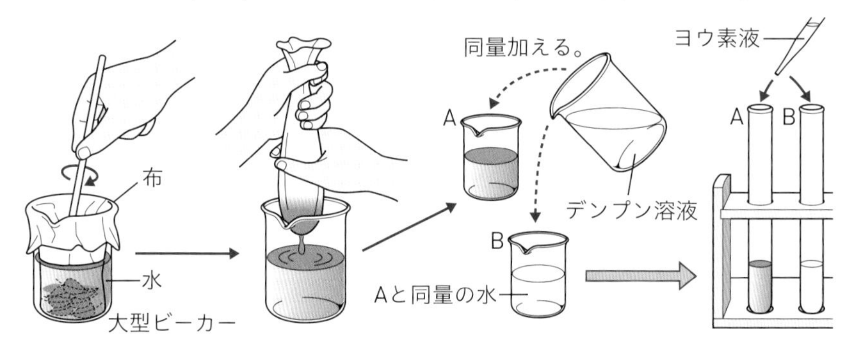

□ ❶ ヨウ素液を加えたとき，色が変化したのはAの液，Bの液のうちどちらか。また，何色に変化したか。

□ ❷ 3日間放置するとき，ビーカーにふたをしたのはなぜか。簡単に説明しなさい。

□ **❸ 水の中に入れたときに水にしずむプラスチックを，㋐〜㋔から全て選び，記号で答えなさい。**

㋐ ポリエチレン（0.95 g/cm^3）

㋑ ポリ塩化ビニル（1.40 g/cm^3）

㋒ ポリスチレン（1.06 g/cm^3）

㋓ ポリエチレンテレフタラート（1.39 g/cm^3）

㋔ ポリプロピレン（0.91 g/cm^3）

❹ さまざまな発電の方法について，次の問いに答えなさい。 思

□ ❶ ㋐〜㋕から，水力発電，火力発電，原子力発電について説明したものをそれぞれ全て選び，記号で答えなさい。

㋐ 温室効果ガスが大量に発生する。

㋑ 少量の燃料でばく大なエネルギーを得ることができる。

㋒ エネルギー変換効率が約80 %と高い。

㋓ 化石燃料の埋蔵量には限度がある。

㋔ 周囲の自然環境に大きな変化を及ぼす。

㋕ 廃棄物の安全な処理が難しい。

□ ❷ 温室効果ガスが発生する発電の方法は，水力発電・火力発電・原子力発電のどれか。

□ ❸ 図は，水力発電，火力発電，原子力発電におけるエネルギーの移り変わりを表したものである。①〜⑥に当てはまるエネルギーの名称を答えなさい。

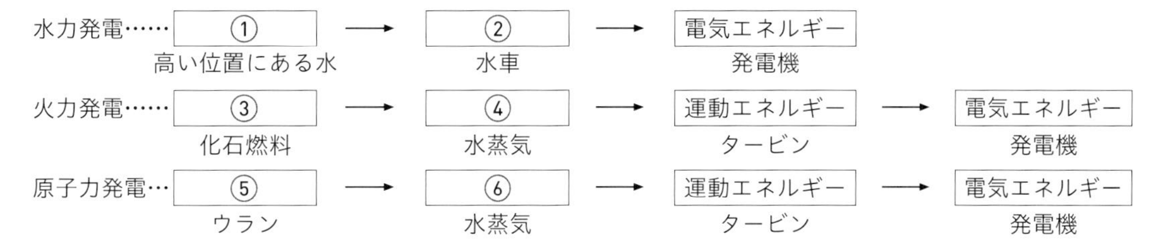

単元5

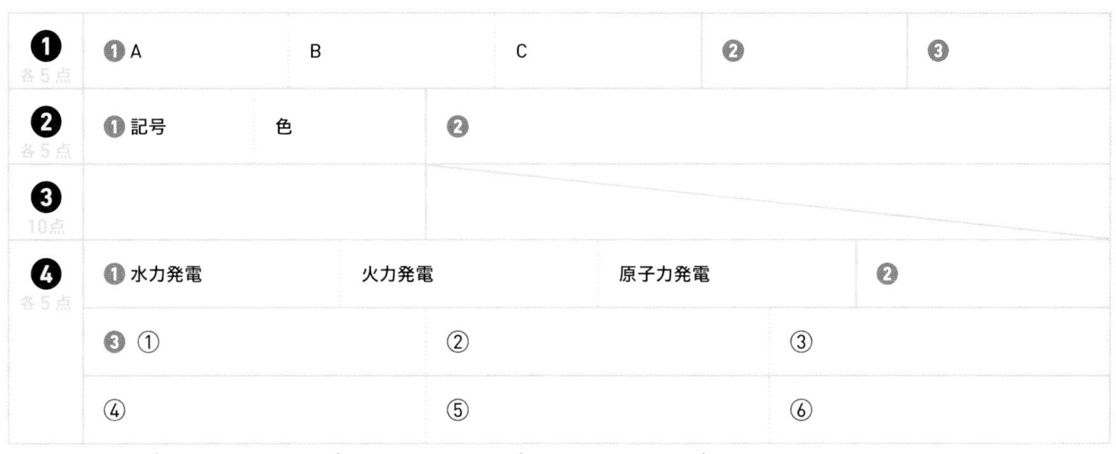

❶ ／25点 ❷ ／15点 ❸ ／10点 ❹ ／50点

[解答▶p.22-23]

テスト前 ☑ やることチェック表

① まずはテストの目標をたてよう。頑張ったら達成できそうなちょっと上のレベルを目指そう。
② 次にやることを書こう（「ズバリ英語○ページ，数学○ページ」など）。
③ やり終えたら□に✔を入れよう。
最初に完ぺきな計画をたてる必要はなく，まずは数日分の計画をつくって，
その後追加・修正していっても良いね。

目標

	日付	やること 1	やること 2
2週間前	／	□	□
	／	□	□
	／	□	□
	／	□	□
	／	□	□
	／	□	□
	／	□	□
1週間前	／	□	□
	／	□	□
	／	□	□
	／	□	□
	／	□	□
	／	□	□
	／	□	□
テスト期間	／	□	□
	／	□	□
	／	□	□
	／	□	□
	／	□	□

QRコードのページに登録すると，「ぴたリンク」からも表をダウンロードできるよ

キリトリ線

テスト前 ☑ やることチェック表

① まずはテストの目標をたてよう。頑張ったら達成できそうなちょっと上のレベルを目指そう。
② 次にやることを書こう（「ズバリ英語○ページ，数学○ページ」など）。
③ やり終えたら□に✔を入れよう。
最初に完ぺきな計画をたてる必要はなく，まずは数日分の計画をつくって，
その後追加・修正していっても良いね。

目標

	日付	やること 1	やること 2
2週間前	／	□	□
	／	□	□
	／	□	□
	／	□	□
	／	□	□
	／	□	□
	／	□	□
1週間前	／	□	□
	／	□	□
	／	□	□
	／	□	□
	／	□	□
	／	□	□
	／	□	□
テスト期間	／	□	□
	／	□	□
	／	□	□
	／	□	□
	／	□	□

QRコードのページに登録すると，「ぴたリンク」からも表をダウンロードできるよ

東京書籍版 理科3年 | 定期テスト ズバリよくでる | 解答集

化学変化とイオン

p. 3 - 5 Step ❷

❶ ① 食塩水，うすい塩酸に○
　② 電解質
　③ 電極を水道水で洗った後，精製水で洗う。
❷ ① 青色
　② 赤色
　③ 金属光沢が見られる。
　④ 銅
　⑤ 鼻をさすようなにおい
　⑥ 塩素
　⑦ 逆になる。
❸ ① (1) 陽子　(2) 中性子　(3) 原子核　(4) 電子
　② (1) Mg^{2+}　(2) K^+　(3) SO_4^{2-}　(4) Cu^{2+}
　　(5) CO_3^{2-}　(6) Zn^{2+}　(7) H^+　(8) NH_4^+
　　(9) OH^-　(10) Na^+　(11) Cl^-　(12) NO_3^-
　③ (1) 1　(2) 失って　(3) 1　(4) 受けとって
❹ ① 電離
　② (1) Cl^-　(2) H^+　(3) 1：1
　③ 電解質
　④ 非電解質
❺ ① $Na \rightarrow Na^+ + e^-$
　② $Cl + e^- \rightarrow Cl^-$
　③ $NaCl \rightarrow Na^+ + Cl^-$
　④ $HCl \rightarrow H^+ + Cl^-$
❻ ① 電離
　② ○$^+$　名称…ナトリウムイオン
　　　化学式…Na^+
　　●$^-$　名称…塩化物イオン　化学式…Cl^-
❼ 下図（H^+とCl^-が4個ずつ）

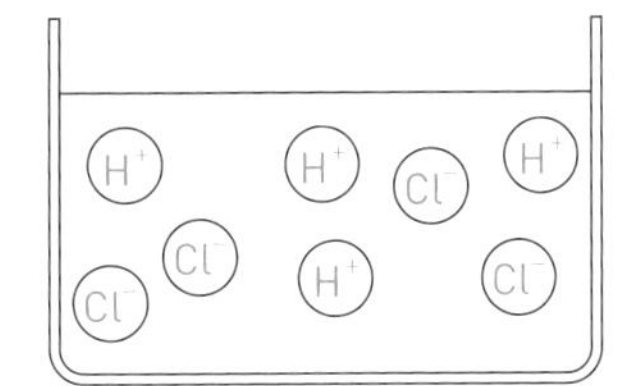

考え方

❶ ① 砂糖やエタノールは非電解質である。
　③ 水道水には消毒のための薬品などが入っているので，最後に精製水で洗う。
❷ ③ 銅の金属としての性質が現れる。
❸ ① 原子は，中心に原子核があり，そのまわりに電子がある。原子核は，＋の電気を帯びている陽子と電気を帯びていない中性子からできている。原子核のまわりの電子の数は，陽子の数と等しいため，原子は全体として電気を帯びていない。
　② Cu^{2+}は，Cu原子が電子を2個失ってできる陽イオンである。OH^-やSO_4^{2-}は単独の原子がイオンになったものではなく，異なる種類の原子が2個以上集まって1つのイオンとなっている。
　③ (1)(2) 水素原子は，電子を1つ失って，陽イオン（水素イオン）になる。
　　(3)(4) 塩素原子は電子を1つ受けとって陰イオン（塩化物イオン）になる。
❹ ① 電解質は水にとけて電離する。
❺ 電離のようすを，イオンを表す化学式で表すときは，まず物質名から電離後のイオンを推定し，イオンの名前で表しておくとよい。
❻ 塩化ナトリウム水溶液は，陽イオンのナトリウムイオン（Na^+）と陰イオンの塩化物イオン（Cl^-）に電離して水溶液中に存在する。
❼ 1個の塩化水素（HCl）は，水素イオン（H^+）1個と塩化物イオン（Cl^-）1個に電離するので，H^+とCl^-の数を等しくする。

p. 7 - 9 Step ❷

❶ ① B，C，E
　② A，D，F
❷ ① (1) 黄　(2) 陰

　❷ 水素イオン

　❸ ① 青　② 陽

　❹ 水酸化物イオン

❸ ㋐，㋑

❹ ❶ ㋕

　❷ ㋓

　❸ ㋐

　❹ ㋔

　❺ ㋑

　❻ ㋒

❺ ❶ 青色

　❷ 中性

　❸ 黄色

　❹ Cでは水素が発生し，A，Bは何も起こらない。

❻ ❶ ①　②

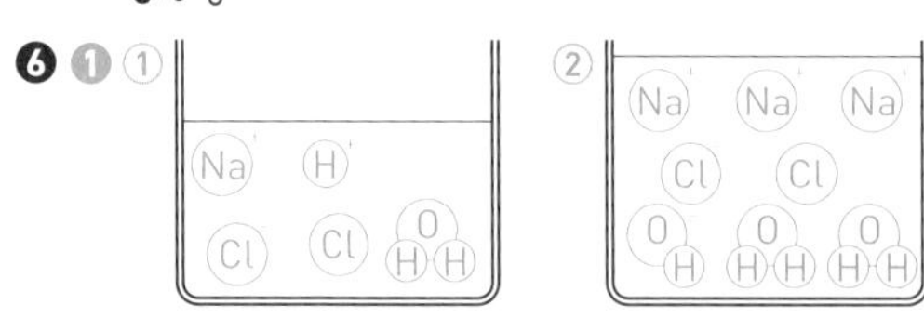

　❷ ① 酸性　② アルカリ性

　❷ 6 cm³

❼ ❶ ① 塩化物　② ナトリウム

　❷ ① 硫酸　② 水酸化バリウム

　　③ 中和　④ 沈殿

考え方

❶ ❶は酸性，❷はアルカリ性の水溶液の性質である。

❷ ❶ ❷ 塩化水素は，水溶液中で$HCl \rightarrow H^{+} + Cl^{-}$と電離している。この実験で，BTB溶液の色は，陰極側に移動したので，陰極に移動する陽イオン(H^{+})が，酸性の性質を示す原因になることがわかる。

❸ ❹ 水酸化ナトリウムは，水溶液中で$NaOH \rightarrow Na^{+} + OH^{-}$と電離している。この実験で，BTB溶液の色は，陽極側に移動したので，陽極に移動する陰イオン(OH^{-})が，アルカリ性の性質を示す原因となることがわかる。

❸ pHは酸性やアルカリ性の強さを表す。$pH < 7$は酸性，$pH = 7$は中性，$pH > 7$はアルカリ性になる。pHの値が7より小さいほど酸性が強くなり，pHの値が7より大きいほどアルカリ性が強くなる。

❹ ❶ ガラス棒は1回使うごとによく洗い流したあと，精製水で洗うこと。精製水で洗うのは，水道水は純粋な水ではないからである。

❷ このとき発生する気体は水素である。それ以外にも燃える気体はあるので，火は近づけない。また，有害な気体が発生することもあるので，換気をしっかりとすること。

❸ 液体を使う実験に限らず，理科の実験では保護眼鏡をつける。薬品には，人間の皮膚をとかしたり，痛めたりするものもあるので，ついたらすぐに多量の水で洗い流す。

❺ 液体がゴム球に流れこむと，ゴム球がいたむことがあるので，ピペットの先は上に向けない。

❺ ❶ ❷ BTB溶液は，酸性で黄色，中性で緑色，アルカリ性で青色になる。

❸ 塩酸6 cm³分で，水酸化ナトリウム水溶液5 cm³中の水酸化物イオンはすべて中和して中性になるので，残りの塩酸の分で酸性になる。

❹ マグネシウムリボンを入れると水素が発生するのは，酸性の水溶液だけである。

❻ ❶ ① 5 cm³の水酸化ナトリウム水溶液にふくまれるNa^{+}とOH^{-}のモデルは1つずつ。このうちのOH^{-}は1つのH^{+}と結びついてH_2Oのモデルを1つつくる。

② 15 cm³の水酸化ナトリウム水溶液にふくまれるNa^{+}とOH^{-}のモデルは3つずつ。2つのOH^{-}はH^{+}と結びついてH_2Oのモデルを2つつくり，OH^{-}のモデルが1つ残る。

❷ ① 水溶液中にH^{+}のモデルが残っているので，酸性を示す。

② 水溶液中にOH^{-}のモデルが残っているので，アルカリ性を示す。

❸ 水溶液にはOH^-のモデルが1つ残っているため，それを中和するのに，H^+のモデルを1つ加えればよい。塩酸12 cm^3中にH^+のモデルは2つふくまれているので，6 cm^3の塩酸を加えればちょうど中性になる。

❼ ❷ 硫酸バリウムは，$Ba^{2+} + SO_4^{2-} \rightarrow BaSO_4$という化学変化で生じる。陰イオンである硫酸イオン$SO_4^{2-}$に$H^+$を，陽イオンであるバリウムイオン$Ba^{2+}$に$OH^-$を結びつけて，混合前の2種類の水溶液を導くことができる。

p.11-13 Step ❷

❶ 装置…㋐　金属板…**亜鉛板**

❷ ❶ **−極**
❷ ㋒
❸ **電池**

❸ ❶ **銅が付着した。**
❷ **マグネシウム>亜鉛>銅**
❸ **−極**

❹ ❶ **銅板**
❷ **亜鉛がとける。**
❸ **水素が発生する。**
❹ ㋐

❺ ❶ $Zn \rightarrow Zn^{2+} + 2e^-$
❷ $Cu^{2+} + 2e^- \rightarrow Cu$

❻ ❶ **リモコン，置き時計，かけ時計など**
❷ **うで時計など**
❸ **携帯電話，ノート型パソコンなど**

❼ ❶ **一次電池**
❷ **充電**
❸ ㋑

考え方

❶ 電解質の水溶液に，2種類の異なる金属板を入れて導線でつなぐと，金属と金属との間に電圧が生じ，電流が流れる。レモンの果汁には電解質がふくまれており，㋐のように種類の異なる2つの金属をさして導線で結ぶと，電流が流れる。㋑は同じ種類の金属なので，電流は流れない。㋒では，砂糖が非電解質なので，電流は流れない。

❷ ❶ 電圧計の針が右にふれたので，−端子につないだマグネシウムリボンが−極，+端子につないだ銅板が+極になる。
❷ 砂糖は非電解質なので，電流は流れない。

❸ ❶ ❷ 硫酸マグネシウム水溶液に入れた銅，亜鉛ともに反応しなかったことから，マグネシウムが一番陽イオンになりやすいと考えられる。また，硫酸亜鉛水溶液に入れた銅が反応しなかったことから，銅より亜鉛の方が陽イオンになりやすいと考えられる。以上より，マグネシウム，亜鉛，銅の順で陽イオンになりやすい。硫酸銅水溶液に亜鉛を入れると，亜鉛の方が陽イオンになりやすいので亜鉛が陽イオンとなってとけ出し，銅が付着する。
❸ 電池ではイオンになりやすい金属が−極になる。

❹ ❶ うすい塩酸の中に，亜鉛板と銅板を電極として入れた電池をつくると，亜鉛板が−極，銅板が+極になる。
❷ −極の亜鉛板の表面では，亜鉛原子が電子を2個失い亜鉛イオンとなり，うすい塩酸の中にとけ出す。
❸ +極の銅板の表面では，水溶液中の水素イオンが亜鉛板から導線を通って流れてくる電子を1個受けとって水素原子となる。水素原子は2個結びつき水素分子になり，気体となって空気中に出ていく。
❹ 電子は−極の亜鉛板から導線，電球を通って+極の銅板へ流れる。電流の向きは，電子の流れる向きと逆である。

❻ 酸化銀電池は電圧が安定していることから，うで時計などに利用されることが多い。リチウムイオン電池は充電できる二次電池なので，携帯電話などに使われる。

❼ ❶ ❷ 電池は大きく分けて，充電できる二次電池（蓄電池）と充電できない一次電池とに分けられる。鉛蓄電池は充電してくり返し使える二次電池である。

❸ 燃料電池は，水の電気分解とは逆の化学変化（$2H_2 + O_2 \rightarrow 2H_2O$）を利用して，電気エネルギーをとり出す電池である。環境に対する悪影響が少ないと考えられている。

p.14-15 Step ❸

❶ ㋐，㋒，㋓，㋗

❷ ❶ **陰極**

❷ **塩素**

❸ **手であおぎ寄せてかぐ（手であおぎ，直接かがない）。**

❹ 化学反応式…$2HCl \rightarrow H_2 + Cl_2$

㋐の電極で発生する気体…**水素**

❺ **赤色の物質（銅）が付着する。**

❸ ❶ **電子**

❷ **陽イオン**

❸ **陰イオン**

❹ ① Na^+　② Cl^-

❹ ❶ **黄色**

❷ **中性**

❸ **塩化ナトリウム**

❹ H_2O

❺ **中和**

❻ **青色**

❼ ㋒

❺ ㋐，㋒

考え方

❶ 砂糖（㋑）やエタノール（㋔），水素（㋕），酸素（㋖）は非電解質である。

❷ ❶ 電源装置の－極につながった電極を陰極，＋極とつながった電極を陽極という。

❷ うすい塩酸を電気分解すると，陽極から塩素，陰極から水素が発生する。

❸ 発生する気体が有害なこともあるので，気体のにおいをかぐときは，直接においをかがないようにする。

❹ 水素イオンは＋の電気を帯びた粒子（陽イオン）で，電流が流れると陰極に引かれる。陰極では，水素イオンが電子を1個受けとって水素原子になり，2つ結びついて水素分子になる。

❺ 塩化銅は，水溶液中で$CuCl_2 \rightarrow Cu^{2+} + 2Cl^-$と電離する。このため，銅イオンは，陰極の㋐の方へ移動して電子を2個受けとって銅原子となり，㋐の表面に付着する。また，塩化物イオンは，陽極の㋑の方へ移動して電子を1個失って塩素原子となり，2つずつ結びついて，㋑の表面で気体の塩素分子になる。

❸ ❶ 図1，図2で，原子の中心にある⊕は原子核，そのまわりの⊖は電子を表している。

❷ 原子が電子を失って，＋の電気を帯びたものを陽イオンという。

❸ 原子が電子を受けとって，－の電気を帯びたものを陰イオンという。

❹ ナトリウム原子は電子を1個失って陽イオンとなり，塩素原子は電子を1個受けとって陰イオンとなる。

❹ ❶ うすい塩酸は酸性の水溶液なので，BTB溶液を加えると，黄色になる。

❷ BTB溶液は，中性のときに緑色になる。

❸ この場合は水溶液が中性になっているので，水溶液中にナトリウムイオンと塩化物イオンしかふくまれていない。このため，水を蒸発させると，$Na^+ + Cl^- \rightarrow NaCl$となり，塩化ナトリウムの白い結晶が出てくる。うすい塩酸よりも水酸化ナトリウム水溶液の方が多いときは，水を蒸発させると，塩化ナトリウムのほかに水酸化ナトリウムも出てくる。

④ ⑤ 水素イオン(H^+)と水酸化物イオン(OH^-)が結びついて水(H_2O)ができる。このように，酸性を示す水素イオンとアルカリ性を示す水酸化物イオンとが結びついてたがいの性質を打ち消し合う反応を中和(ちゅうわ)という。

⑥ ②で，中性になっていたということは，水溶液中には水素イオンも水酸化物イオンも残っていない状態である。ここに，さらに水酸化ナトリウム水溶液を加えるので，水溶中には水酸化物イオンが残り，アルカリ性を示すようになる。BTB溶液はアルカリ性で青色に変化する。

⑦ 酸性の水溶液とアルカリ性の水溶液を混ぜ合わせているものをさがす。㋐は酸性の水溶液と水，㋑は両方とも酸性の水溶液，㋓は両方ともアルカリ性の水溶液である。食酢(酢酸)と水酸化カリウム水溶液を混ぜ合わせると，次のような化学変化が起こる。

$CH_3COOH + KOH \rightarrow CH_3COOK + H_2O$

❺ ㋑は金属板の種類が同じなので，金属と金属の間に電圧が生じないため，電池にならない。また，㋓のエタノールは非電解質なので，金属と金属の間に電圧が生じないため，電池にならない。

生命の連続性

p.17-18 Step 2

❶ ① ㋒
② ⓒ
③ ㋓→㋔→㋒→㋐→㋑
④ 染色体
⑤ 赤色

❷ ① ① c　② e　③ d　④ b　⑤ a
② c → b → a → e → d
③ 形質
④ 遺伝子
⑤ 染色体
⑥ 同じ。
⑦ ㋑
⑧ ㋑

考え方

❶ ① 細胞がいくつも重なっていると，顕微鏡で観察したとき，非常に見にくい。そのため，細胞をひとつひとつばらばらにすることが必要になる。あたためたうすい塩酸の中に切ったタマネギの根を入れると，細胞どうしの結合が弱くなり，少しの力を加えただけで，細胞がばらばらになる。これを塩酸処理という。

② 根の先端(せんたん)付近(ⓒ)では細胞分裂(さいぼうぶんれつ)がさかんに行われていて，分裂途中や分裂して間もない細胞を観察することができる。しかし，根もとに近い部分(ⓐやⓑ)では成長が終わっていて，細胞分裂は行われていない。このように，植物では細胞分裂が行われる場所が限られている。

③ 細胞をばらばらにしやすいように塩酸処理をしたあと，柄(え)つき針で根を軽くつぶしてから，酢酸(さくさん)オルセインや酢酸カーミンなどの染色液(せんしょくえき)をたらして，3分ほど置く。その後，カバーガラスをゆっくりかけて，2つに折ったろ紙の間にプレパラートをはさみ，カバーガラスの中央に親指でゆっくりと力を加え，細胞が重ならないように根をおしつぶす。このとき，カバーガラスを割ったり，横にずらしたりしないように注意する。

④ 細胞分裂の間に，染色体(せんしょくたい)のようすは大きく変化する。

⑤ 酢酸オルセインや酢酸カーミンなどの染色液によって，核(かく)の中の染色体が赤く染まる。

❷ ❶ ❷ 細胞分裂の順番は，染色体のようすから考えることができる。細胞分裂を開始する前の細胞には，ｃのようにはっきりとした核が見られるが，ひものような染色体は見られない。細胞分裂が始まると，ｂのように染色体が太く短くなって，それぞれがひものように見えるようになり，核の外側にあった膜が見られなくなる。その後，ａのように染色体が細胞の中央付近に集まったあと，それぞれの染色体が２つに分かれ，ｅのように細胞の両端(両極)に移動する。やがて，ｄのように染色体が細く長くなって，２個の核の形ができ，細胞質が２つに分かれる。植物の場合は，２つの核の間に仕切りができて，細胞質が２つに分かれるが，動物の場合は，細胞の中央にくびれができて，細胞が２つに分かれる。

❸ 植物の花の色や形，茎の長さ，動物の毛の色や大きさなど，生物の形や性質のことを形質という。

❹ 生物の形質を決めるものを遺伝子という。

❺ 核にふくまれる染色体には，それぞれたくさんの遺伝子が存在している。染色体の数は，生物の種類によって決まっている。

❻ 細胞分裂をしていないときは，染色体は細くて長い状態であるが，細胞分裂の準備に入ると，それぞれの染色体が複製されて，同じものが２本ずつできる。細胞分裂では，２本ずつある同じ染色体が分かれて，別の細胞に入るので，分裂前の細胞と分裂後の細胞には，同じ内容の染色体が同じ数ずつふくまれている。このようなからだをつくる細胞分裂を，体細胞分裂という。

❼ 細胞分裂した直後，細胞の大きさは半分になっているが，その後，細胞はもとの大きさまで成長し，次の細胞分裂の準備に入る。

❽ ｃの細胞は，細胞分裂を行う前の細胞で，分裂の準備に入ると染色体が複製されて，その後，細胞分裂が行われる。

p.20-22 Step ❷

❶ ❶ A…**柱頭**　B…**がく**　D…**やく**

❷ **D**

❸ **受粉**

❹ ① **花粉管**　② **胚珠**　③ **精細胞**　④ **卵細胞**　⑤ **受精卵**　⑥ **胚**　⑦ **発生**

❺ 種子…**E**　果実…**F**

❷ ❶ **有性生殖**

❷ **卵巣**

❸ **精巣**

❹ **生殖細胞**

❺ **胚**

❸ ❶ **B**

❷ ㋐ **精子**　㋑ **卵**

❸ **㋑**

❹ **卵巣**

❺ ① **卵**　② **精子**　③ **受精**　④ **受精卵**　⑤ **発生**

❻ **1個**

❼ A→**E**→**B**→**C**→**D**

❹ ❶ **16本**

❷ **半分になっている。**

❸ **減数分裂**

❹ **㋒**

❺ ❶ **同じ。**

❷ **無性生殖**

❸ **クローン**

❹ **同じ形質をもつ個体を多量につくり出せる。**

考え方

❶ ❶ ❷ めしべの先(A)を柱頭，めしべのもとの部分(F)を子房という。子房の中には胚珠(E)がある。花弁の外側にある部分(B)をがくという。おしべの先にはやく(D)があり，ここで花粉がつくられる。

❸ めしべの先の柱頭に花粉がつくことを，受粉という。

④ 受粉すると，花粉から柱頭の内部に花粉管がのびる。花粉管の中には精細胞があり，花粉管が胚珠までのびると，花粉管の先端まで運ばれた精細胞と胚珠の中の卵細胞が受精し，受精卵ができる。受精卵は，細胞分裂をくり返して，まわりの胚珠は種子になる。このような過程を発生という。

⑤ 種子は果実に包まれているので，胚珠が種子，それを包む子房が果実になることがわかる。

❷ ① 生殖には，有性生殖と無性生殖がある。生殖細胞が受精することによって新たな個体(子)をつくる生殖が有性生殖，受精を行わずに子をつくる生殖を無性生殖という。

②③ 卵は雌の卵巣，精子は雄の精巣でつくられる。

④ 動物では卵と精子，被子植物では卵細胞と精細胞が生殖細胞である。

❸ ①② ㋐は精子，㋑は卵である。卵をつくるのが雌，精子をつくるのが雄である。

④ 卵をつくるのは，雌の卵巣である。

⑤ カエルの受精は水中で行われる。卵は動くことができないが，精子には長い尾があり，それを使って泳ぐことができる。卵の中に精子が入ると，卵のまわりに膜ができ，ほかの精子は卵の中に入ることができなくなる。

⑥⑦ 受精卵は1個の細胞である。受精卵が細胞分裂をくり返して胚ができるが，細胞分裂のはじめのころは，細胞は成長しないで分裂をくり返すので，ひとつひとつの細胞はしだいに小さくなっていく。

❹ ①～③ 両方の親の細胞の染色体がそのまま受精によって1つになると考えると，子の細胞にふくまれる染色体の数は親の2倍になってしまう。生物は，生殖細胞をつくるときに，染色体の数を半分にする特別な細胞分裂を行う。これを減数分裂という。これに対して，からだの細胞が分裂するときの細胞分裂を，特に体細胞分裂という。精子や卵といった生殖細胞は，からだをつくる細胞と比べて染色体の数が半分になっている。この2つが受精するため，できた受精卵の中の染色体の数は，両方の親のからだの染色体の数に等しい。

④ 受精によって，子は両方の親の染色体を半数ずつ受けつぐので，両方の親の遺伝子によって子の形質が決まる。

❺ ① 無性生殖の場合，体細胞分裂によって親のからだから子のからだができるので，子のもつ染色体は親とまったく同じになる。

② 無性生殖では，親の染色体をそのまま受けつぐので，子は親とまったく同じ形質をもち，優れた形質もそのまま現れる。しかし，無性生殖は，環境の変化には弱い。これに対して，有性生殖では，両方の親の染色体を受けつぐために，両方の親の形質がそのまま現れることはなく，親には見られなかった形質が現れることもある。このため，環境の変化に強い。植物などで新しい品種を開発するときには，有性生殖が行われる。

③④ クローンによって，多量に同じ形質をもつ個体をつくることができる。

p.24-25 Step 2

❶ ① **メンデル**

② **分離の法則**

③ **丸形**

④ ① **Aa(aA)**　② **aa**

⑤ ① **丸形の種子**　② **2**

③ **しわ形の種子**　④ **1**

⑥ **3：1**

⑦ ① 顕性(優性)　② 3 ： 1

❷ ① Bb(bB)

② 黒

③ 茶…㋐, ㋑　黒…㋒

❸ ① 染色体

② DNA

③ デオキシリボ核酸

考え方

❶ ①② 19世紀に，オーストリアのメンデルが行った実験である。メンデルは，エンドウの７つの対立形質について実験を行い，「対になっている遺伝子は，減数分裂によってそれぞれ別の生殖細胞に入る」という分離の法則を発見した。

③ 対立形質をもつ純系どうしを交配したときに，子に現れる形質が顕性形質(優性形質)，子に現れない形質が潜性形質(劣性形質)になる。

④ Aaの遺伝子の組み合わせをもつ子がつくる生殖細胞の遺伝子は，分離の法則にしたがって，Ａかａになる。遺伝子Ａをもつ生殖細胞と遺伝子ａをもつ生殖細胞が受精すると，Aaという遺伝子の組み合わせをもつ孫が生じ，遺伝子ａをもつ生殖細胞どうしが受精すると，aaという遺伝子の組み合わせをもつ孫が生じる。

⑤ 孫の遺伝子の組み合わせは，右の図のようになる。

親…… AA ―― aa
子… Aa　Aa　Aa　Aa
孫… AA　Aa　Aa　aa

⑥ 丸形が顕性形質なので，遺伝子の組み合わせがAAとAaは丸形の種子，aaはしわ形の種子になる。

⑦ ほかの形質の場合でも，孫に現れる形質は，顕性形質：潜性形質＝３：１となる。

❷ ① 茶の毛色の親から遺伝子Ｂ，黒の毛色の親から遺伝子ｂを受けつぐので，子の遺伝子の組み合わせはＢｂとなる。

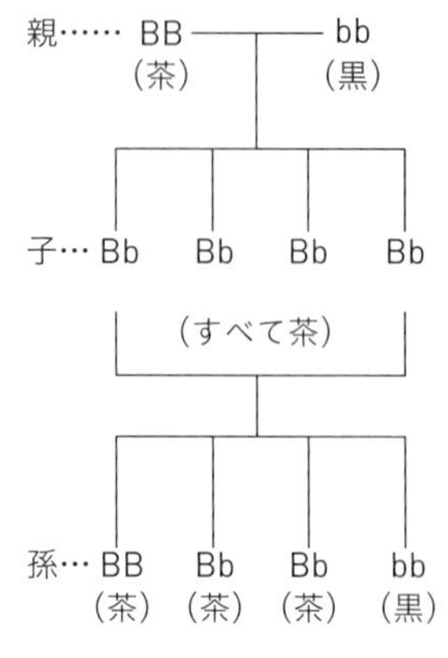

② 子の個体はすべて毛色が茶になったので，茶が顕性形質，黒が潜性形質になる。

③ 茶の毛色が顕性形質なので，遺伝子の組み合わせBBとBbは茶の毛色になり，黒の毛色は潜性形質なので，遺伝子の組み合わせbbだけが黒の毛色になる。

❸ ① 遺伝子は，細胞の核の中の染色体にふくまれる。

②③ ＤNAはデオキシリボ核酸(deoxyribonucleic acid)という物質で，英語名の略称である。

p.27 Step 2

❶ ① 始祖鳥

② 口に歯がある。つばさにつめがある。

③ ハチュウ類

④ ① ハチュウ　② 鳥

⑤ 進化

❷ ① C

② 下図

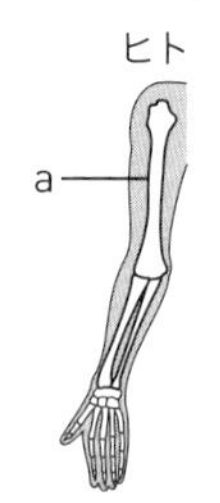

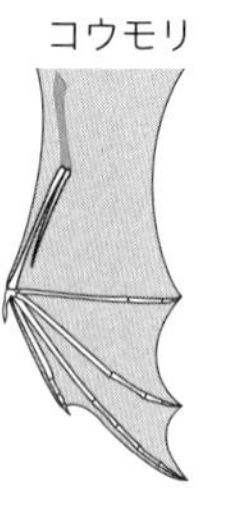

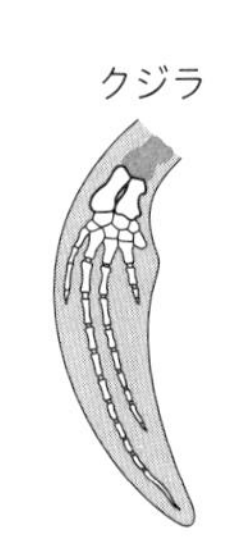

③ もとは同じ器官だったものがそれぞれ進化した。

④ 相同器官

考え方

❶ 始祖鳥は現在の鳥類の特徴(前あしがつばさになっている，体が羽毛でおおわれている)をもっていながら，ハチュウ類の特徴(歯をもつ，つばさの先につめがある)もあわせもっていて，動物の進化が実際に起きたということを示す証拠であると考えられている。

❷ 図の左からヒト，コウモリ，クジラの前あしである。ホニュウ類のこの3種類の動物で比べてみると，ヒトの前あしは道具を使うためのうで，コウモリの前あしは空を飛ぶためのつばさ，クジラの前あしは水中を泳ぐためのひれというように，前あしがもつはたらきは異なっている。しかし，前あしの骨格を比べてみると，基本的なつくりに共通点がある。このように，現在の形やはたらきが異なっていても，もとは同じ器官であったと考えられるものを相同器官という。

p.28-29 Step 3

❶ ① ㋓
② **根もとに近い部分**
③ **体細胞分裂**
④ **もとの細胞と同じになる。**

❷ ① **無性生殖**
② **子には親と全く同じ形質が現れる。**

❸ ① 親A…㋐　親B…㋒　子C…㋑
② ㋓
③ ㋔
④ ① ㋔　② ㋑　③ ㋔　④ ㋑
⑤ ㋒
⑥ **減数分裂**

❹ ① ㋐ **魚**類　㋑ **両生**類　㋒ **ハチュウ**類
㋓ **鳥**類　㋔ **ホニュウ**類
② **進化**

考え方

❶ ① 先端に近い部分で細胞分裂がさかんに行われ，その上の部分の細胞がもとの大きさまで成長する。

② 先端に近い細胞は，細胞分裂の途中か細胞分裂が終わったばかりなので，細胞が小さいが，根もとに近い細胞は成長が終わっているため，大きくて縦に長くなっている。

③ 1個の細胞が2つに分かれて2個の細胞になることを細胞分裂といい，からだをつくる細胞が分裂する細胞分裂を，特に体細胞分裂という。

④ 細胞分裂の準備に入ると，それぞれの染色体が複製され，同じものが2本ずつできるが，2本ずつがくっついたままである。細胞分裂の間にその染色体が2つに分かれ，別々の細胞に入るので，細胞分裂後の細胞は，もとの細胞と同じ数の染色体をもっている。

❷ ① 図1のゾウリムシは分裂によってふえ，図2のオリヅルランは茎の一部がのびて地面についたところから芽や根が出てふえる。どちらも，受精を行わずにふえるので無性生殖である。

② 無性生殖では，子は親とまったく同じ染色体をもつので，親とまったく同じ遺伝子をもつことになり，子の個体の形質は，親の形質とまったく同じになる。これに対して，有性生殖では，両方の親の染色体を半数ずつもつので，子に現れる形質は両方の親の遺伝子によって決まり，両親には現れていない形質が現れることもある。

❸ ❶ 親や子の遺伝子の組み合わせは右のようになる。

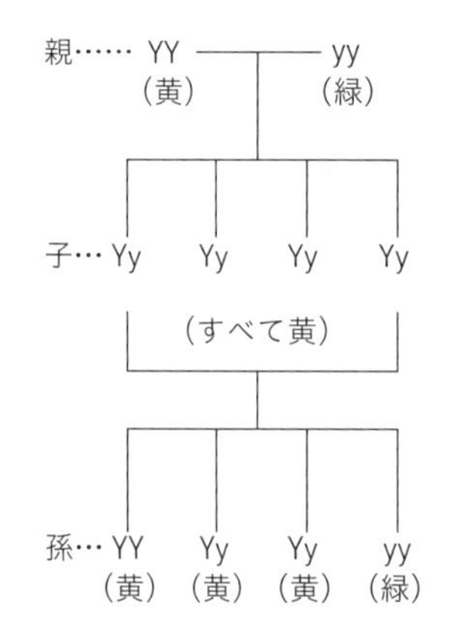

❷ 減数分裂（げんすうぶんれつ）によって，親の対になった遺伝子は，1つずつに分かれて生殖細胞（せいしょくさいぼう）に入る。親Aの遺伝子の組み合わせはYYなので，生殖細胞の遺伝子はすべてYとなる。

❸ 親Bの遺伝子の組み合わせはyyなので，生殖細胞の遺伝子はすべてyとなる。

❹ 子Cの遺伝子の組み合わせはYyなので，分離（ぶんり）の法則（ほうそく）より，生殖細胞の遺伝子はYとyが1：1の割合でできる。①と③の受精でできる孫Dの遺伝子の組み合わせはyyなので，①と③にはyが入る。よって，遺伝子Yをもつ卵細胞（らんさいぼう）と③の精細胞（せいさいぼう）の受精でできる④の遺伝子の組み合わせはYyとなる。また，遺伝子Yをもつ精細胞と①の卵細胞でできる②の遺伝子の組み合わせもYyとなる。

卵細胞の遺伝子 ＼ 精細胞の遺伝子	Y	y(①)
Y	YY	Yy(②)
y(③)	Yy(④)	yy

❺ 孫Dの遺伝子の組み合わせは，YY：Yy：yy＝1：2：1の割合となる。このうち，YYとYyは子葉が黄色，yyは子葉が緑色になる。

❻ 生物のからだをつくる細胞の染色体は，同じ形や大きさのものが2本ずつあり，その2本の染色体には，対立形質（たいりつけいしつ）に対応する遺伝子が対になって存在している。染色体が半数になる減数分裂によって，対になっている遺伝子が別々に分かれる。

❹ ❶ セキツイ動物の化石（かせき）が発見される地質年代の図から，セキツイ動物のグループが，それぞれ段階的に現れはじめたことがわかる。セキツイ動物の5つのグループのなかで，魚類の化石は約5億年前の地層から発見されているが，ほかのグループの化石は，これより新しい地層からしか発見されていない。このことから，魚類が地球上に最初に現れたセキツイ動物であり，そこから順に，両生類，ハチュウ類，ホニュウ類，鳥類が現れたと考えられる。

運動とエネルギー

p.31-33 Step 2

❶ ❶ **打点が重なってはっきりしないため。**
❷ **B**
❸ **8 cm**
❹ **20 cm/s**

❷ ❶ **瞬間の速さ**
❷ **10 m/s，36 km/h**
❸ **等速直線運動**

❸ ❶ **(一定の割合で)増加する。**
❷ 0.2秒から0.3秒…**50 cm/s**
0秒から0.4秒…**40 cm/s**
❸ **速さが増加する割合が大きくなる。**

❹ ❶ **速くなる。**
❷ **重力**
❸ **変化しない。**
❹ **自由落下**

❺ ❶ **㋑**
❷ **斜面下向き**

❻ ❶ **c**
❷ **a**
❸ **a**

考え方

❶ ❷ おし出す力が強い方が0.1秒間の移動距離（きょり）は大きくなるので，打点間も広くなる。
❸ 0.1秒間で2 cm移動しているので，0.4秒間では2×4＝8より8 cm。

④ 速さ＝移動距離÷かかった時間より，
2 cm÷0.1 s＝20 cm/s。

❷ ② 1秒で10 m進んでいるので，10 m/s。また，
1時間では10×60×60＝36000より，
36000 m進む。36000 mは36 kmなので，
36 km/hである。

❸ 物体に一定の力がはたらき続けるとき，物体の速さは力のはたらく向きに一定の割合で増加する。

② 0.2秒から0.3秒の区間では，5 cm移動しているので，5 cm÷0.1 s＝50 cm/s。また，0秒から0.4秒の区間では，1＋3＋5＋7＝16より16 cm移動しているので，16 cm÷0.4 s＝40 cm/s。

③ 斜面の傾きが大きくなると，台車にはたらく斜面下向きの力が大きくなるので，物体の速さが増加する割合が大きくなる。

❹ ① 金属球には落下する向きと同じ下向きに力がはたらくので，金属球の速さはしだいに速くなっていく。

② 金属球には下向きに重力がはたらいている。

④ 物体が垂直に落下するときの運動を，自由落下という。自由落下には，一定の力がはたらいている。

❺ 斜面上を上る力学台車の運動は，斜面下向きに力がはたらき続けているため，一定の割合で速さが減少し最高点に達して止まる。その後，斜面下向きに速さが一定の割合で増加しながら斜面上を下る。

❻ 記録テープを0.1秒分の運動ごとに切りとるには，東日本なら5打点ごと，西日本なら6打点ごとに切りとればよい。

① 単位時間に進んだ距離が速さになるので，0.1秒ごとに切りとられたテープの長さは，速さを表している。よって，速さがだんだん速くなっている運動を記録したのは，テープの長さがしだいに長くなっているものである。

② 等速直線運動をしているときは，テープの長さが変わらない。

③ 速さが一定ならば移動距離は時間に比例する。

p.35-38 Step ❷

❶ 下図

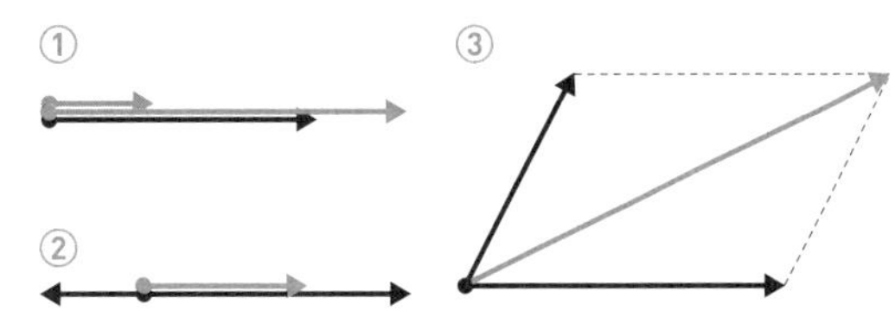

❷ 下図

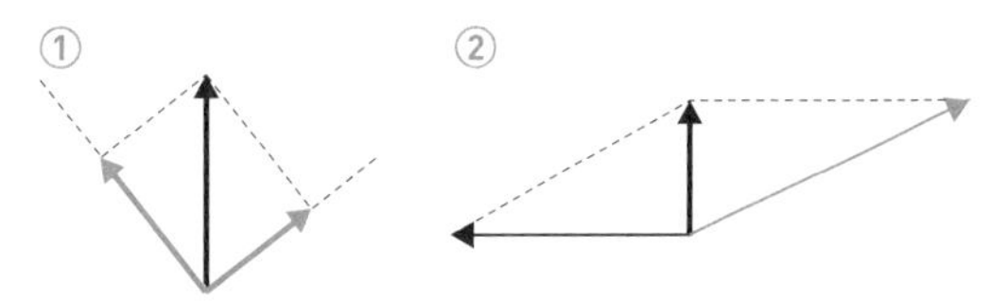

❸ ① 右図

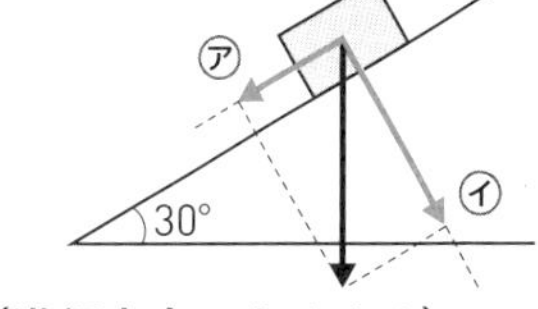

② 2.5 N

③ ① 摩擦力　② 垂直抗力

❹ ① 前のめりになる(進行方向によろめく)。

② ㋒，㋓

③ ㋒

❺ ① 左

② 右

③ ㋒

④ 作用・反作用の法則

❻ ① ㋐

② f

③ e

❼ ① 水圧

② ㋓

③ ① あらゆる　② 大きい

❽ ① 0.75 N

② 0.25 N

③ 変わらない。

④ ㋑

考え方

❶ ①のように，２力が一直線上にあり，向きが同じときは，合力（ごうりょく）の大きさは２力の大きさの和になる。②のように，２力が一直線上にあり，向きが逆のときは，合力の大きさは２力の大きさの差になる。③のように，２力が一直線上にないときは，合力は２力の矢印を２辺とする平行四辺形の対角線になる。

❷ ①は示された力を対角線として，あたえられた方向を２辺とする平行四辺形を作図する。②は太い矢印が対角線，細い矢印が１辺となるような平行四辺形を作図する。

❸ ❶ 重力の矢印を対角線として，㋐と㋑の２力の矢印を２辺とする平行四辺形を作図する。
❷ 500 gの物体にはたらく重力の大きさは５Nである。㋐の力の矢印：重力の矢印＝１：２となるので，㋐の力は重力の大きさの半分の2.5 Nとなる。
❸ ㋐の力とつり合っているのは摩擦力（まさつりょく），㋑の力とつり合っているのは，垂直抗力（こうりょく）である。この摩擦力と垂直抗力の合力は，重力と一直線上にあり，向きが逆向きで，重力と大きさが同じになっている。

❹ ❶ 電車の中に立っている人には，慣性（かんせい）がはたらいているので，電車がブレーキをかけても，運動を続けようとして，からだが前のめりになり，進行方向によろめく。
❷ 慣性（かんせい）の法則（ほうそく）がなり立つのは，力がはたらいていないときや，力がはたらいていても合力が０のときである。
❸ ㋐では重力，㋑では摩擦力がはたらいている。㋓では，ふりこの運動の向きや速さがたえず変化している。

❺ ❶ Ｂさんのボートは，Ａさんがオールでおしたことによって左に動く。
❷ ＡさんのオールがＢさんのボートにおし返されて，Ａさんはボートごと右に動く。
❸❹ このような現象を，作用（さよう）・反作用（はんさよう）の法則（ほうそく）という。この場合，Ａさんがオールでおす力を作用というのに対して，Ｂさんのボートがおし返す力を反作用という。作用・反作用の法則では，力を加えたときに相手から同じ大きさの逆向きの力を受ける。２つの物体間ではたらくので，力のつり合いとはちがう。

❻ ❶ ゴム膜（まく）は，水圧（すいあつ）によっておされるので，内側にへこむ。
❷ 水中にある物体にはたらく水圧は，物体よりも上にある水の重力によって生じるため，深さが深いほど，水圧は大きくなる。
❸ 水の深さが同じゴム膜を選ぶ。深さが同じであれば，水圧は同じである。

❼ ❶ 水中にある物体には必ず水圧がはたらいている。
❷❸ 水圧は，水の深さが深いほど大きく，あらゆる方向にはたらく。物体の左右にはたらく水圧は打ち消し合うが，上下にはたらく水圧は，上面にはたらく下向きの水圧より，下面にはたらく上向きの水圧の方が大きいため，物体全体には上向きの力がはたらく。

❽ フックの法則より，ばねののびは，おもりがばねを引く力に比例する。
❶ ばねののびから，水中でばねがおもりを引く力の大きさを求める。このばねは，1.0 Nで12 cmのびるから，9÷12＝0.75より，0.75 N。
❷ おもりにはたらく重力は，水中でも1.0 Nで変わらないが，おもりが水中で受ける上向きの力（浮力（ふりょく））によって，水中ではばねがおもりを引く力の大きさは小さくなる。
重力－浮力
＝ばねがおもりを引く力の大きさ
より，
浮力
＝重力－ばねがおもりを引く力の大きさ
＝1.0 N－0.75 N＝0.25 N

❸ 浮力の大きさは物体が全て水中にしずんでいる場合は水の深さに関係なく，物体の水中にある部分の体積が増すほど大きくなる。図２のとき，おもりは図１のときと同様に全体が水にしずんでいるので，浮力の大きさは変わらない。

❹ 図３のとき，おもりが水にしずんでいる部分の体積は，図１のときの半分なので，おもりにはたらく浮力は，図１のときよりも小さい。ばねがおもりを引く力の大きさは，❷の式より，浮力が小さくなるほど重力に近づいて大きくなるので，
1.0 N＞図３でばねがおもりを引く力の大きさ＞0.75 N
となり，ばねののびは，
12 cm＞図３のばねののび＞9 cm
となる。したがって，適当な値(あたい)は㋑の10.5 cm。

p.40-43 Step ❷

❶ ❶ A，E
❷ C～E
❸ C
❹ E
❺ **力学的エネルギー**

❷ ㋑，㋒

❸ ❶ 20 N
❷ 20 J

❹ ❶ **力(の大きさ)×移動距離**
❷ 2 J

❺ ❶ 2 J
❷ 0 J

❻ ❶ 2倍
❷ 2倍
❸ **位置エネルギー**
❹ **運動エネルギー**

❼ ❶ ① 125 J　② 125 J
❷ ① 5 W　② 1.25 W

❽ ❶ A…50 N　B…25 N
❷ A…4 m　B…8 m

❾ ❶ A…**熱エネルギー**　C…**光エネルギー**
E…**化学エネルギー**
❷ **エネルギーの保存**

考え方

❶ ❶ ふりこは，両端(りょうたん)で高さが最も高くなる。おもりはここで速さが0になるので，位置(いち)エネルギーは最大だが，運動(うんどう)エネルギーは0になる。

❷ A→Cでは，おもりの高さが低くなっていくので位置エネルギーは減少し，おもりの速さが増加するので運動エネルギーは増加する。C→Eでは，おもりの高さが高くなっていくので位置エネルギーは増加し，おもりの速さが減少するので運動エネルギーは減少する。

❸ おもりが中央にきたとき，おもりの速さが最も速くなるので，運動エネルギーは最大になる。

❹ AとEでは，速さが0になるので，運動エネルギーは0となる。

❷ ㋑では荷物の移動距離(きょり)が0になるので，仕事(しごと)の大きさは0。㋒では力の向きと荷物が移動する向きが垂直なので，仕事の大きさは0。

❸ ❶ 質量2 kgの物体にはたらく重力は2000÷100＝20より20 Nで，一定の速さで物体を持ち上げるのに必要な力の大きさと等しい。

❷ 20 Nの力で1 m動かしたので，20 N×1 m＝20 J。

❹ ❷ 4 Nの力で50 cm，すなわち0.5 m動かしているので，4 N×0.5 m＝2 J。

❺ ❶ 質量200 gの物体にはたらく重力の大きさは200÷100＝2より2 Nであるから，2 N×1 m＝2 J。

❷ 頭の上で支え続けたということは，バーベルが動いていないので，仕事の大きさは0 Jになる。

❻ ❶ 質量20 gの金属球で比較すると，高さ20 cmのときの移動距離は2 cm，高さ40 cmのときの移動距離は4 cmである。

❷ 高さ40 cmのところで比較すると，20 gのときの移動距離は4 cm，40 gのときの移動距離は8 cmである。

❸ 高い位置にある物体がもっているエネルギーを，位置エネルギーという。

❹ 運動している物体がもっているエネルギーを運動エネルギーという。金属球が転がっている間に，金属球のもつ位置エネルギーは運動エネルギーに移り変わっていく。

7 ❶ まず，②から考える。

② 質量5 kgの物体を定滑車(ていかっしゃ)を使って2.5 m持ち上げるときの仕事の大きさは，50 N×2.5 m＝125 J。

① 仕事の原理より，斜面(しゃめん)を使っても仕事の大きさは変わらない。

❷ ① $\frac{125\ \text{J}}{25\ \text{s}}=5\ \text{W}$

② 1分40秒＝100秒より，

$\frac{125\ \text{J}}{100\ \text{s}}=1.25\ \text{W}$

8 ❶ Aで物体を引き上げるのに必要な力は，物体の質量5 kgより，50 Nである。Bのように動滑車(どうかっしゃ)を1つ使うと，必要な力の大きさが$\frac{1}{2}$になるので，25 Nとなる。

❷ Bでは必要な力の大きさが$\frac{1}{2}$になるかわりに，力を加える距離が2倍になる。

9 ❶ ⑤，⑥からAは熱エネルギー，①，④からCは光エネルギー，③，④，⑥からEは化学エネルギーとわかる。

p.44-45 Step 3

1 ❶ 図1…㋑　図2…㋒

❷ **等速直線運動**

❸ **50 cm/s**

❹ **摩擦力**

2 ❶ **垂直抗力**

❷ ① **分力**　② B　③ A

❸ ㋑

3 ❶ ① A　② C

❷ **BとE**

4 ❶ **2倍**

❷ **2倍**

❸ **20 cm**

考え方

1 ドライアイスの場合は，室温ではさかんに二酸化炭素に状態変化するため，ドライアイスと水平面の間に二酸化炭素の層ができ，ドライアイスにはたらく摩擦力(まさつりょく)がとても小さくなる。このため，ドライアイスは等速直線運動(とうそくちょくせんうんどう)をすると考えてよい。よって，図1がドライアイス，図2が積み木の運動である。

❶❷ 図1は等速直線運動(一直線上を一定の速さで進む運動)なので，速さと時間の関係を表すグラフは，横軸(じく)に平行になる。図2は速さがだんだんおそくなる運動なので，速さと時間の関係を表すグラフは，右下がりになる。

❸ 図1で，ドライアイスが10 cm進むのに0.2秒かかっているので，

$\frac{10\ \text{cm}}{0.2\ \text{s}}=50\ \text{cm/s}$

❹ 積み木の場合は，水平面を運動している間，水平面から運動をさまたげる向きに摩擦力がはたらき，速さがだんだんおそくなる。

2 ❶❷ 力Aは重力Wの斜面(しゃめん)方向の分力(ぶんりょく)，力Bは重力Wの斜面に垂直な分力になっている。斜面上で物体が静止しているとき，力Aが摩擦力とつり合い，力Bが垂直抗力(こうりょく)Nとつり合っている。

❸ 下図のように，斜面の傾きが大きくなると，重力の斜面方向の分力は大きくなり，斜面に垂直な分力は小さくなる。

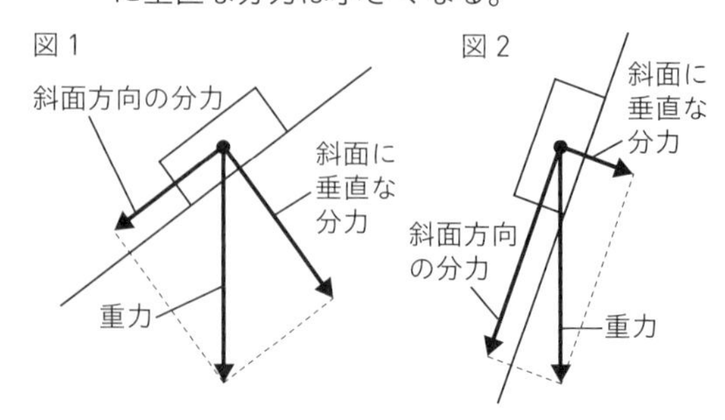

❸ ❶ 小球の高さが高いほど，小球のもつ位置エネルギーが大きくなるので，点Aで小球がもっている位置エネルギーが最大になる。曲面を転がる間に，点Aで小球がもっている位置エネルギーはだんだん小さくなり，その分，運動エネルギーが大きくなっていく。高さがいちばん低い点Cでは，位置エネルギーが最小になるため，力学的エネルギーの保存から，運動エネルギーは最大になる。

❷ 高さが同じところでは，小球がもつ位置エネルギーは等しくなる。点Bと点Eでは小球は同じ大きさの位置エネルギーをもっているので，力学的エネルギーの保存から，運動エネルギーも同じ大きさになる。

❹ ❶ 図2で，150 gの小球のグラフに注目する。高さ4 cmから小球を転がすと，物体は6 cm動き，高さを2倍にして8 cmから小球を転がすと，物体は12 cm動く。このとき，小球が物体にした仕事を考えると，仕事は動いた距離に比例するため，高さを2倍にしたときの仕事の大きさは2倍になる。仕事の大きさは，はじめに小球がもっていた位置エネルギーと同じなので，小球のはじめの高さを2倍にすると，位置エネルギーも2倍になる。

❷ 図2で，高さ6 cmのときに注目すると，小球の質量が50 gのとき，物体は3 cm動き，小球の質量を2倍にした100 gのとき，物体は6 cm動く。❶と同様，小球が行った仕事は物体が動いた距離に比例し，仕事は小球がもっていた位置エネルギーと同じなので，小球の質量を2倍にすると，小球がもっていた位置エネルギーも2倍になる。

❸ 図2で，小球の質量150 g，高さ2 cmを基準にして考えると，小球の質量200 g，高さ10 cmのときに物体が動く距離は，

$$3\text{ cm}\times\frac{200}{150}\times\frac{10}{2}=20\text{ cm}$$

地球と宇宙

p.47 Step 2

❶ ❶ **黒点**

❷ **周囲よりも温度が低いから。**

❸ **西**

❹ **太陽が自転しているから。**

❺ **球形**

❷ ❶ 表面の温度…**約6000 ℃**

黒点の温度…**約4000 ℃**

❷ **コロナ**

❸ **プロミネンス**

❹ **気体**

考え方

❶ ❷ 黒点はまわりより温度が低く，黒く見える部分である。太陽の表面の温度は約6000 ℃，黒点の部分の温度は約4000 ℃である。

❸ ❹ 太陽が東から西へ自転しているため，表面にある黒点も東から西へ動いて見える。太陽はガスでできているので，黒点の動く速さは場所によってちがう。

❷ ❷ コロナは，ふだんは観察できないが，皆既日食のときに観察することができる。このガスの層の温度は約100万℃と，太陽の表面よりも高い。

❸ プロミネンスは，数日でなくなることもあるが，数か月にわたって続くものもある。

❹ 太陽は，高温であるため物質は全て気体となっている。

p.49-50 Step 2

❶ ❶ D

❷ G

❸ ㋐

❹ **(太陽の)日周運動**

❺ **地球の自転**

❷ ❶ **恒星**

❷ **光が1年で進む距離**

❸ **天球**

❸ ① A…**南**　B…**西**　C…**北**　D…**東**
② B…㋑　C…㋐
③ **北極星**
④ ㋒
⑤ **(星の)日周運動**

❹ ① B
② **6時間**
③ **自転**
④ **西**から**東**

考え方

❶ ① 太陽は，北半球では南寄りの空を通るため，Aが南である。
② 光が直進するため，ペンの先のかげが円の中心Gにくるようにすれば，中心から見たとき太陽のあるところに印をつけることができる。
④ 太陽は，1日に1回，地球のまわりを回っているように見える。

❷ 星座を形づくる星は，地球から見ると同じ距離にあるように見えるが，実際には遠くはなれたところに，ばらばらに存在する。
② 地球から恒星までの距離は非常に大きいので，「光年」などの単位が用いられる。惑星までの距離は「天文単位」が使われる。太陽－地球間の距離を1天文単位という。
③ 天球は，天体の位置や動きを表すのに便利である。

❸ ① 北の空の星は，北極星を中心に反時計回りに回転して見える。
② Bは，下の方が西の地平線であり，西へしずむように動く。Cでは北極星をほぼ中心に，反時計回りに動く。
③④ 星Pは北極星で，地軸を延長したところのすぐ近くにあるためほとんど動かないように見える。

❹ ① 北の空の星は反時計回りに動いて見えるため，BからAへ動いた。
② 24時間で360°動くので，1時間あたり15°ずつ動く。90÷15＝6より，6時間。

❸ ④ 実際には動かない星が，東から西へ回転しているように見えるので，地球は反対の西から東へ自転していると考えられる。

p.52-53　Step ❷

❶ ① **公転**
② ㋐
③ **さそり座**
④ B

❷ ① 12月…B　3月…E
② ㋑
③ **地球の公転**

❸ ① C
② 名称…**夏至**　記号…㋒
③ ㋑
④ ㋐
⑤ ㋒

❹ ① B
② A
③ A
④ ① **地軸**　② **傾けた**　③ **夏至**

考え方

❶ さそり座は夏，みずがめ座は秋，オリオン座は冬，しし座は春を代表する星座である。なお，オリオン座は黄道12星座にはふくまれない。
② 地球の自転の向きと公転の向きは同じである。
③ 地球から見て太陽と反対側にある星座が，真夜中に南の空で見られる。
④ 地球の自転の向きから考えて，日の出・日の入りの位置は右の図のようになる。

❷ ① 毎日，同じ時刻に星座を観察すると，東から西へ動いて見える。星座は1年間で360°移動するので，1か月では約30°ずつ移動することになる。A～Gはそれぞれ，11月～5月の位置を示している。

❷ 1年で360°移動するので，1日では約1°移動する。

❸ 星座を形づくる恒星(こうせい)は，実際には動いていない。

3 ❶ 日本では，太陽は南寄りの空を通る。Aが南の方位である。

❷ 太陽の南中高度(なんちゅうこうど)は，冬には低く，夏には高くなる。

❸ 昼と夜の長さがほぼ同じになるのは，春分(しゅんぶん)・秋分(しゅうぶん)である。

❹ 冬至(とうじ)。昼の長さが最も短くなるときなので，透明(とうめい)半球上の通り道が最も短いときである。

❺ 夏至(げし)。太陽の南中高度が高く，太陽の光が垂直に近い角度で地表に当たるときに，同じ面積で受ける太陽の光の量が最大になる。また，昼の長さが長いため，地表はよりあたためられる。

4 ❶ 地軸(ちじく)の北極側が太陽の方に傾(かたむ)いているCが夏至。夏至の前の位置が春分。

❸ 南半球では，昼夜の長さや季節は北半球と反対になる。したがって，シドニーで，昼の長さが最も長くなる日は，日本では昼の長さが最も短くなる冬至である。

❹ 地球の地軸が傾いているため，太陽の南中高度が変化し，地面のあたたまり方が変わるので，四季の変化が生じる。地軸は，公転面に対して垂直な方向から23.4°傾いている。したがって，日本付近では，夏至に太陽の南中高度が直角に近くなる。

p.55-56 Step 2

1 ❶ C→B→A→D

❷ A…㋒　B…㋐　C…㋗　D…㋔

❸ ㋖

2 ❶ a

❷ 日食…A　月食…C

❸ ㋐

3 ❶ ㋐

❷ b

❸ 位置…D　形…e

❹ **できない。**

❺ **惑星**

❻ **C，F**

❼ **内惑星**

❽ **水星**

❾ **外惑星**

考え方

1 ❶ 月は新月→三日月(みかづき)→上弦(じょうげん)の月→満月→下弦(かげん)の月→新月と満ち欠けしていく。

❷ 月は太陽(たいよう)の光を反射して光っているので，太陽の方を向いた面だけが光って見える。

❸ 太陽－月－地球の順に並んだとき，地球から月の光っている面を見ることができないため，新月となる。

2 ❶ 地球の公転(こうてん)の向きと月の公転の向きは同じである。

❷ 地球から見たとき，月によって太陽がかくされる現象を日食(にっしょく)という。太陽－月－地球の順に並んだときに日食になり，一直線にならない場合は新月になるが日食は起こらない。また，月が地球のかげに入る現象を月食(げっしょく)という。太陽－地球－月の順に並んだときに月食になり，一直線にならない場合は満月になるが月食は起こらない。

❸ 日食は地球上のせまい地域でしか観察できない。月の満ち欠けのかげは月自身のかげなので，地球のかげによって起こる月食とは異なる。

3 ❶ Bの位置にある金星は，太陽の左側(東)にあるので，太陽がしずんだあと西の空で光って見える。

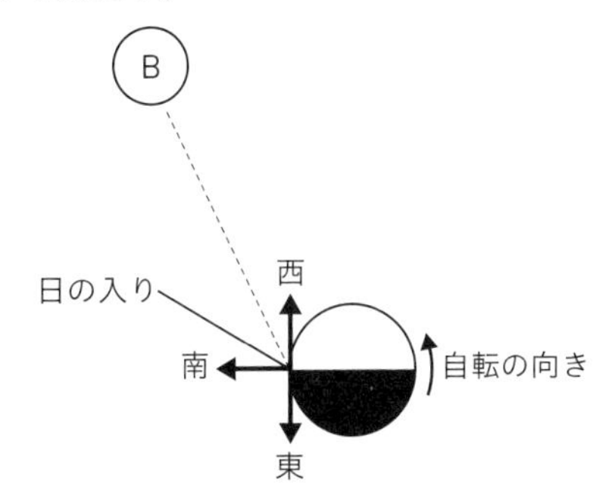

❷ 地球と金星・太陽と金星を結んだ線の交わる角度がおよそ90°になるため，光っている金星を真横から見ることになる。太陽は図で金星の左にあるので，左側が光って見える。

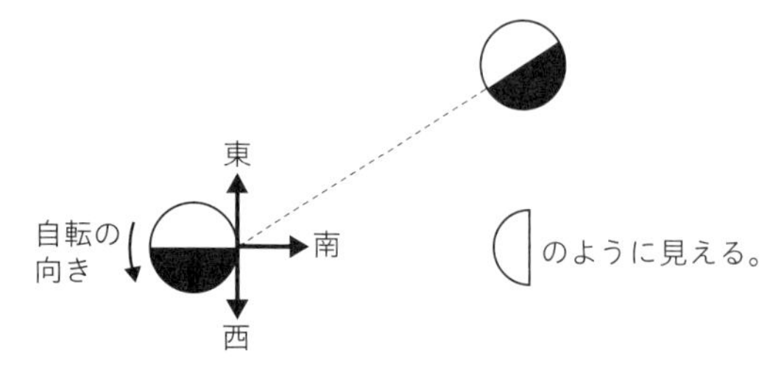

❸ 地球に近づくほど大きく，遠ざかるほど小さく見える。

❹ 真夜中に見える星は，太陽に対して地球より外側にある星である。

❻ 地球から，金星の公転軌道に接線を引いた接点にあるとき，太陽から最もはなれて見える。

p.58-59 Step ❷

❶ ❶ 太陽系
❷ 木星
❸ 1.00
❹ 水星，金星，地球，火星
❺ 木星型惑星
❻ 地球
❼ 木星，土星
❽ 長くなっている。
❾ 衛星
❿ 小惑星
⓫ すい星

❷ ❶ 銀河
❷ 銀河系(天の川銀河)
❸ 円盤
❹ 天の川

❸ ❶ ㊓
❷ 直径…㊔　厚さ…㊒
❸ ㊓

考え方

❶ ❶ 太陽と8個の惑星，そのまわりを回る衛星，数多くのすい星や小惑星などをふくむ空間を太陽系という。

❷ 太陽系の質量のうち，太陽が圧倒的に大部分を占めるが，次に大きいのが木星である。表より，木星の質量は地球の約318倍である。

❸ 地球は太陽のまわりを1年で1周する。

❹ 岩石でできたかたい表面をもつ惑星は密度が大きい。水星，金星，地球，火星が地球型惑星のなかまである。

❻ 適度な酸素をふくむ大気があるのは地球だけである。

❼ 水素やヘリウムは密度が小さいので，木星や土星は密度が小さくなる。

❽ 太陽から遠ざかるほど，一周する距離が大きくなるため，一周するのに要する時間(公転周期)も長くなる。

❿ 主に火星と木星との間にあるが，地球に接近する軌道をもつものもある。

❷ ❶ 銀河は恒星などの集団である。

❹ 銀河系の端の方にある地球から見たとき，円盤状に分布する恒星が帯のように密集していて，川のように見える。

❸ ❶ 光の速さは秒速約30万kmであるので，光が1年間に進む距離は，
30万km/s×(60×60×24×365)s
＝約9,460,800,000,000 kmになる。

p.60-61 Step ❸

❶ ❶ プロミネンス
❷ コロナ
❸ 黒点
❹ まわりより温度が低いから。
❺ 恒星

❷ ❶ ハワイ
❷ 15°
❸ 午後1時(13時)

❸ ❶ 黄道
❷ 西から東
❸ しし座
❹ ㋑
❺ 1年間

❹ ❶ 図1…A　図2…㋐
❷ 図1…C　図2…㋒
❸ C
❹ 地球が地軸を傾けたまま公転しているから。

❺ ❶ ㋒，㋔，㋕
❷ ㋔，㋕
❸ 内惑星

考え方

❶ ❶ プロミネンスは高温のガスで，高さが10万kmに達するものもある。
❷ コロナの温度は約100万℃であり，太陽の表面よりも温度が高いが太陽の表面よりも暗いため，ふだんは見ることができない。しかし，日食のときには光球(太陽の表面のかがやいて見える部分)が月によってかくされてしまうために，コロナを観察できる。
❹ 太陽の表面の温度は約6000 ℃，黒点の温度は約4000 ℃と，黒点はまわりよりも温度が低いため，黒く見える。

❷ ❶ 地球の自転の向きから考えて，日本の位置が図の位置から180°反時計回りに動くと，日本が夕方になるので，反時計回りに180°動いて真夜中になるのはハワイである。
❷ 地球は24時間で1回自転しているので，360÷24＝15より，15°である。
❸ 日本の時刻で午前10時に出発した飛行機は，12時間後の午後10時(22時)にイギリスのロンドンに到着する。日本とロンドンの経度の差は135°で，❷より日本とロンドンの時差は，135÷15＝9より9時間である。よって，ロンドンに到着した時刻(日本の時刻で22時)を現地時間で表すと，22－9＝13より，13時である。

❸ ❶ 太陽は，星座の間を1年かけて西から東へ移動しているように見える。このときの天球上の太陽の通り道を黄道という。
❷ 地球が公転することによって，太陽は星座の間を西から東へ移動しているように見える。
❸ 地球から太陽に引いた直線の延長上にある星座の方向にあるように見える。
❹ しし座は，地球が㋐の位置にあるときは明け方に南中し，㋒の位置にあるときは日の入り後に南中する。地球が㋓の位置にあるときは，しし座を見ることができない。
❺ 1年間の太陽の動きは，地球の公転による見かけの動きなので，太陽がもとの位置にもどる時間は，地球の公転の周期と同じになる。

❹ ❶ 地軸の北極側が太陽の方を向いているときが夏，太陽と反対の方を向いているときが冬になるので，図1のAは冬至，Bは春分，Cは夏至，Dは秋分のときの地球の位置を示している。また，太陽の南中高度が最も高くなるのが夏至，最も低くなるのが冬至のときになるので，図2の㋐は冬至，㋑は春分・秋分，㋒は夏至のときの太陽の通り道を示している。
❷ 昼の長さが最も長くなるのが夏至，最も短くなるのが冬至のときである。春分・秋分のときには昼の長さと夜の長さが等しくなる。
❸ 夏になって，北極付近で1日中太陽がしずまないことを白夜という。反対に冬になると，北極付近では1日中太陽が地平線の上に出てこない。
❹ 地球は，公転面に対して垂直な方向から約23.4°地軸を傾けたまま公転している。このため，南中高度や昼の長さが変化することで，季節が生じる。

❺ ❶ 水星・金星・地球・火星を地球型惑星，木星・土星・天王星・海王星を木星型惑星という。

②③ 地球よりも内側を公転している水星と金星を内惑星という。内惑星はいつも太陽に近い方向にあるので，朝夕の限られた時間にしか観察できない。また，地球の近くにあるときは，大きく見えて欠け方も大きく，地球から遠いときは，小さく見えて欠け方も小さい。これに対して，地球よりも外側を公転している火星・木星・土星・天王星・海王星を，外惑星という。外惑星は，その位置によって真夜中に観察することもできる。

地球と私たちの未来のために

p.63-64 Step ❷

❶ ① **食物連鎖**
② A…㋑　B…㋐　C…㋒
③ C
④ **生産者**
⑤ ㋐

❷ ① ㋑
② **光合成**
③ **呼吸**
④ A，B，C，D

❸ ① B
② **分解されたため。**
③ **微生物**
④ **分解者**
⑤ ㋑，㋓
⑥ ㋐
⑦ **呼吸**

考え方

❶ ②⑤ 食物連鎖において，食べる生物より食べられる生物の方が数量は多い。この場合，バッタはイネを食べ，モズはバッタを食べるという食物連鎖がある。食物連鎖の頂点にいるモズの数量は最も少なく，いちばん底の植物の数量は最も多い。

④ 無機物から有機物をつくる生物を生産者という。これに対して，植物やほかの動物を食べることで養分（有機物）をとり入れる生物を，消費者という。

❷ ① ㋑の矢印は食物連鎖を表しているので，有機物の形で炭素が移動している。㋐の矢印は光合成，㋒，㋓の矢印は呼吸を表している。

② 植物は，光合成によって二酸化炭素と水から有機物をつくり出す。

③ 生物は，呼吸によって，有機物を分解するときに発生するエネルギーを使って生活している。このとき，出てくる二酸化炭素をからだの外に排出する。

④ ほとんどすべての生物が，酸素を体内にとり入れ，呼吸によって酸素を使って有機物を分解することで，生活に必要なエネルギーをとり出している。生産者も分解者も呼吸をしている。

❸ ① ヨウ素液を加えると青紫色になった液にはデンプンがふくまれている。

②③ 水槽のフィルターにふくまれていた微生物のはたらきで，デンプンがほかの物質に変えられたために，ヨウ素液を加えても色が変わらなかった。

④ ミミズなどの土壌動物や，菌類，細菌類などの微生物のように，生物の死がいや動物の排出物などから有機物を養分としてとり入れ，無機物に分解する生物を分解者とよぶ。

⑤ カビやキノコなどは菌類，大腸菌や乳酸菌などは細菌類である。

⑥ 分解者は，生物の死がいや動物の排出物から有機物を養分としてとり入れ，それを分解して生活のためのエネルギーをとり出している。

⑦ 分解者は，呼吸によって，有機物を二酸化炭素や水などの無機物に分解し，生活に必要なエネルギーをとり出している。

p.66 Step ❷

❶ ① **ややきれい**
② **変化する。**
❷ ① A
② **空気(大気)**

考え方

❶ ① 生息していた生物から，水のよごれの程度がわかる。サワガニやカワゲラなどはきれいな水に，カワニナやゲンジボタルの幼虫などはややきれいな水に，ヒメタニシやタイコウチなどはきたない水に，サカマキガイやアメリカザリガニなどはとてもきたない水にすむ。
② 例えば，❶の川に生活排水などが流れこむと，カワニナやゲンジボタルの幼虫は死んでしまい，かわりにヒメタニシやシマイシビルなどが生活するようになる。このように，水のよごれの程度が変化すると，そこにすむ生物も変化する。

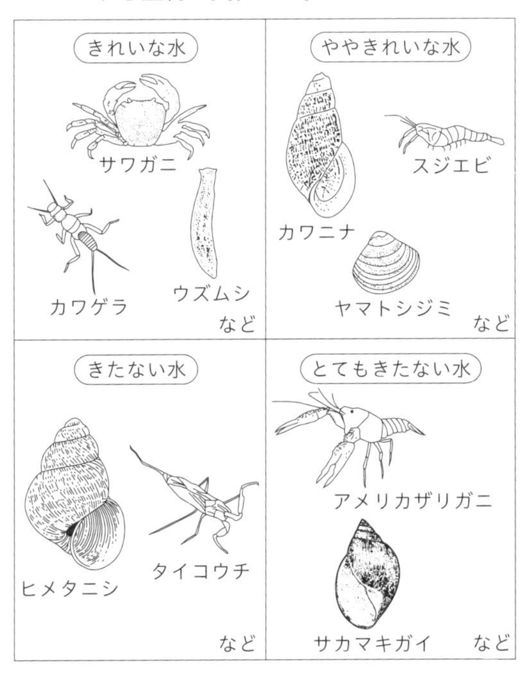

❷ ① Aの方がよごれている気孔(きこう)の数が多いので，自動車の排出ガスが多いところ，つまり交通量の多い道の近くにはえていることがわかる。
② 気孔を通して空気中の気体が入るため，排気ガスによって空気がよごれていると，入り口の気孔がよごれる。

p.68-69 Step ❷

❶ ① ①㋒　②㋓　③㋐　④㋑
② PP…㋓　PET…㋐
③ ①○　②×　③×　④○
❷ 水力発電…㋑，㋒
火力発電…㋐，㋑，㋔，㋕
原子力発電…㋑，㋓，㋕，㋖
❸ ① **天候の影響を受けるため。**
② **騒音や振動が発生する。**
③ **設置できる場所が限られる。**
④ **バイオマス発電**

考え方

❶ ② ポリエチレン → PE，ポリプロピレン → PP，ポリエチレンテレフタラート → PET，ポリ塩化ビニル → PVC，などが代表的なプラスチックの略語である。
③ ① 軽くてさびないのはプラスチックの性質である。
② 水より密度(みつど)の小さいものは水にうき，大きいものは水にしずむ。水の密度は 1.0 g/cm^3，ポリエチレンの密度は約 0.95 g/cm^{3}であるから，ポリエチレンは水にうく。
③ プラスチックは燃やすと二酸化炭素と水ができ，有害な気体が発生することもあるため，焼却(しょうきゃく)には注意しなければならない。

④ 多くのプラスチックはくさりにくいため土にうめても分解されにくく，廃棄の問題をかかえている。そのため，微生物の力で分解できる生分解性プラスチックなどの新しいプラスチックの開発が進められている。

❷ どの発電においても，発電機を回して電気エネルギーを得ていることに変わりはない。
火力発電と原子力発電は，燃料の種類がちがうだけで，いずれも熱エネルギーによって高温・高圧の水蒸気を発生させ，それを発電機にとりつけた羽根(タービン)に当てて発電機を回している。火力発電では燃料を燃焼させることによって熱エネルギーを得ている。また，原子力発電ではウランなどの核分裂反応によって熱エネルギーを得ている。

❸ ❶ 太陽光発電に使われる太陽電池(光電池)は，光が当たらないと電気をつくり出せないので，天候の影響を強く受ける。このため，安定的な電気の供給のためには蓄電池の設置などが必要になる。

❸ 地熱発電は，地下にマグマがあるところでしか行えないため，設置できる場所が限られる。

p.70-71 Step ❸

❶ ❶ A…㋐　B…㋑　C…㋓
❷ A(の液)
❸ ㋐

❷ ❶ 記号…B　色…**青紫色**
❷ **空気中の菌類や細菌類が入らないようにするため。**

❸ ㋑，㋒，㋓

❹ ❶ 水力発電…㋒，㋔　火力発電…㋐，㋓
原子力発電…㋑，㋕
❷ **火力発電**
❸ ① **位置エネルギー**　② **運動エネルギー**
③ **化学エネルギー**　④ **熱エネルギー**
⑤ **核エネルギー**　⑥ **熱エネルギー**

考え方

❶ ❶ 海中の食物連鎖の始まりは光合成を行う植物プランクトンで，食物連鎖の順に並べると，植物プランクトン → 動物プランクトン → 小型の魚 → 大型の魚となる。
❷ 光合成によって，二酸化炭素や水などの無機物からデンプンなどの有機物をつくり出す生物を，生産者とよぶ。
❸ 数量が多いものから並べると，A > B > C > Dとなる。Bの生物の数量が少なくなると，Bに食べられるAの生物の数量は増加し，Bを食べるCの生物の数量は減少する。この増減は一時的なもので，やがてもとのつり合いのとれた数量的な関係にもどる。

❷ ❶ デンプンがふくまれているBの液にヨウ素液を加えると，青紫色になる。Aの液は，落ち葉や土の中にふくまれていた微生物(菌類，細菌類)のはたらきで，デンプンがほかの物質に変えられるので，ヨウ素液を加えても色が変わらない。
❷ 空気中の菌類や細菌類などがビーカーの中に入ると，実験結果に影響が出る可能性があるため，ビーカーにふたをする。

▶ 本文 p.71

❸ 水より密度の小さいものは水にうき，大きいものは水にしずむ。水の密度は1.0 g/cm³なので，ポリ塩化ビニル，ポリスチレン，ポリエチレンテレフタラートが水にしずむ。

❹ 水力発電では，位置エネルギーが直接，運動エネルギーに移り変わって発電機を動かすので，エネルギー変換効率が高いが，ダムの建設などによって自然環境が変化してしまう。火力発電では，温室効果ガスである二酸化炭素が大量に発生する。原子力発電では，使用済み核燃料や廃炉の安全な処理が難しい。また，事故があったとき，広い地域に大きな被害を及ぼす。

テスト前 ☑ やることチェック表

① まずはテストの目標をたてよう。頑張ったら達成できそうなちょっと上のレベルを目指そう。
② 次にやることを書こう（「ズバリ英語○ページ，数学○ページ」など）。
③ やり終えたら▢に✔を入れよう。
最初に完ぺきな計画をたてる必要はなく，まずは数日分の計画をつくって，
その後追加・修正していっても良いね。

目標

	日付	やること 1	やること 2
2週間前	／	▢	▢
	／	▢	▢
	／	▢	▢
	／	▢	▢
	／	▢	▢
	／	▢	▢
	／	▢	▢
1週間前	／	▢	▢
	／	▢	▢
	／	▢	▢
	／	▢	▢
	／	▢	▢
	／	▢	▢
	／	▢	▢
テスト期間	／	▢	▢
	／	▢	▢
	／	▢	▢
	／	▢	▢
	／	▢	▢

QRコードのページに登録すると，「ぴたリンク」からも表をダウンロードできるよ

テスト前 ☑ やることチェック表

① まずはテストの目標をたてよう。頑張ったら達成できそうなちょっと上のレベルを目指そう。
② 次にやることを書こう（「ズバリ英語〇ページ，数学〇ページ」など）。
③ やり終えたら☐に✔を入れよう。
最初に完ぺきな計画をたてる必要はなく，まずは数日分の計画をつくって，
その後追加・修正していっても良いね。

目標

	日付	やること1	やること2
2週間前	／	☐	☐
	／	☐	☐
	／	☐	☐
	／	☐	☐
	／	☐	☐
	／	☐	☐
	／	☐	☐
1週間前	／	☐	☐
	／	☐	☐
	／	☐	☐
	／	☐	☐
	／	☐	☐
	／	☐	☐
	／	☐	☐
テスト期間	／	☐	☐
	／	☐	☐
	／	☐	☐
	／	☐	☐
	／	☐	☐

キリトリ線

QRコードのページに登録すると，「ぴたリンク」からも表をダウンロードできるよ